U0171288

建 筑 史 读 书 札 记 丛 编

发现独乐寺

丁 垚 著

天津大学出版社
TIANJIN UNIVERSITY PRESS

序

丁垚要我为他的书稿写序，这就给了我一个借光他的书说几句话的机会。在这个写书的人多、读书的人少的年代，丁垚来了个把读书和写书放到一起的办法，于是有了这本"读书札记丛编"，这对于那些瞄准晋职杠杆，不读书使劲写书的人是个棒喝。

读书始终是国人，不，是整个人类都要做的事情。人通过读书等后天学习将人类的文明代代相传，这成了人与动物的根本区别。当代之所以读书的人少，是因为知识爆炸，读不过来，且嫌读书烦改为听书，再改为看影视戏说之类，最重要的是，如今国人多不再面临物质上的匮乏，不少人有钱兼有闲，动辄躺平，不像当年我辈，要是不读书，连养家糊口都难。那么丁垚出了书谁去读呢？他是王其亨老师的得意弟子，也是我们建筑史界看重的后起之秀，粉丝和拥趸不少，看来此书的读者主要是学校建筑系的学子，包括大量未来的建筑师、规划师和少量的建筑史学的衣钵传人。从书中可以看出丁垚不在乎有多少人读，他诉说自己的心声，会心处当在不远。

读书之于读书人是一种享受，对于享受者，自然不必分辨哪一段对于前程有用。几十年前建筑学人在工科的大环境下，主要的目标是学会画出造房子的图纸，是将艺术和技术融会贯通到自己的设计中。那时渴望读书而不可得，就算改革开放，域外大量书籍涌入，设计师也多是只看图不看文字。的确如钱锺书先生所调侃的，鸡蛋好吃管它是哪只老母鸡下的。可是当下的建筑学人却要面对一个问题，国内建设由增量发展转变为存量发展，建筑设计被纳入了集约化发展和高质量发展的市场需求中，建筑成为信息时代表达文化的重要媒介，因而读书成为建筑职业人员的学术根底，而从历史中寻找回应未来挑战的策略便是不二法门。

百年未有之大变局带来的前景不确定性，使得所有从事开拓性和建设性工作的学人都面临着新的问题。本来就浮躁的学界再叠加上平静的书桌摆不下去的新问题考验着学人的定力，"读书随处净土，闭户即是深山"是一种，如顾炎武那样关注学术如何经世致用则是另一种。如果说20世纪90年代后李泽厚先生所说"思想淡出，学术凸显"对于建筑界而言意味着需要学术补课的话，那么新形势下对思想的高度期待无疑更叠加在建筑学人学养和思想素质培养的渴求上。

我欣赏丁垚不但乐于读书且善于读书，他读书见物又见人，他在史料中构建起自己和前贤心灵沟通的精神世界，对"每只下蛋的老母鸡"都能娓娓道来。他秉承营造学社学风，中西兼修，左右逢源，且不仅专注于自己的史学，也针对学校教学的应用性需求对史料进行新的阐述，他的课要求天津大学学子既读有字之书也读那些石头和木头书写的无字之书。克罗齐说："一切历史都是当代史。"不少建筑史学者都在面对时代的课题重新构建自己诠释历史的框架，本书似乎也披露了些许丁垚构思的自己的框架。我相信随着思考的深入，他的框架会被继续补充和调整，我期待第二本书会在不久之后冒出来。

东南大学教授
朱光亚

目　　录

前　言

　　业师王其亨教授一直督促我出书，我总觉得学问还差得远，还得好好读书，就一直拖着。

　　不过，留校任教已二十年，近些年来确实一直想写一本书给初涉中国建筑学术的同学们参考，特别是读营造学社先贤著作时参考。内容的参考倒是其次，更希望可以向年轻的建筑学习者分享自己读书时的感受。毕竟，读书就是读人，读人的思考、人的思想，虽然思想的光辉是百世不磨的，想读的人早晚会读到，但有点儿提示和交流总是好事。而且在学校的话，提供这些提示是我对学生的重要职责。自己当年初读这些文章或著作时，要是能多些先前读者的经验分享，肯定是求之不得的。

　　既然书一时写不出来，就暂且把过去读书的一些零散体会感想选一选、编起来，于是就有了这本小册子。这种方式既方便同学们查阅 —— 尽管如今看电子文档已很普遍，但翻看纸书仍有种总揽全局的空间感和不可替代的质感 —— 也好像从心理上缓解了一些王老师督促出书的压力。再加上朱光亚老师还说，这是个把读书和写书放到一起的办法，朱老师喜读书亦尝喜《读书》，他这么一说，让我都觉得自己好像就是这么想的。虽然想写的书还没写。但似乎已得到了老师的认可，想到这儿总想发个表情。实际上，这些长短不一的文稿更像是札记，尤其那些没发表过的，合一起，如同树丛里还有草丛，各位师友闲暇读来，也算是偶践荒草丛林，略觅野趣，休息一下。

所以，这个丛编主要还是给同学们看的，特别是有志来天津大学研读建筑史的同学。这片人为的丛林既是陪伴，也是提示——学术是那种地方，总是基于前辈的积累，又充满了孤身探索的无助，丛林中的发现往往在你未曾想到之地，丛林中的发现其实无处不在，关键还是自己要勇于探索。

接下来再对各篇的具体写作缘由略作追述。

首先是选为书名的《发现独乐寺》（2013 年），这篇是写梁思成（1901—1972 年）的学术。梁先生的学术十分高明，是众所周知的，我当然也是从学生时代就开始阅读学习，后来渐渐觉得之前的研究对此讲得还不够劲儿，可能是因为数十年的时代形势之变恍然如梦，所以有些很关键的地方还没讲到位。再加上十余年前有一些具体的近因，所以就憋出来这一篇。不记得什么原因王老师直到近十年后才看到，竟给予十分鼓励的评价，让我感激而忐忑。自知当时对梁先生学术的理解还很有局限，尤其是在八年后对他的建筑设计作品有了进一步的探究之后，回头再看这篇文章就更显单薄。不过，当时写的时候，还是有意识地在写梁思成，同时也写朱启钤（1872—1964年）和关野贞（1868—1935年），在写作形式上有些设计和安排。有关这方面，后来刘东洋老师曾垂询，也有整理文字发表，虽未收入本编，但也可以参看。

读刘士能（敦桢）先生（1897—1968年）著作的有两篇，一篇是读《明长陵》的札记（2018年），另一篇是介绍他以文津阁《四库全书》校勘《营造法式》的跋（或曰题记，2022年）。两篇都不长，前一篇尤其短，当时是给研究生上课，说起在读书报告中如何简短地概括观点、方法，就快速写了一段话，近于随堂示范。刘先生学问极为渊博，既出身经世致用的世家，又有东学工程的背景。他和梁思成、林徽因（1904—1955年）于审美有共鸣，是名副其实的同道。他文章也好，与梁、林妙笔各具特色，而且更具一种蕴藏在平静表面之下的举重若轻，加上立论审慎，所以读来句句都有力量。清代有经学和史学并重的传统，刘先生堪称传人，这方面和朱桂辛（启钤）先生的学问取向是相同的，所以桂老把《同治重修圆明园史料》这样的文稿交给他整理完成。其中深层次的原因，还是他们对清末朝事的衰落、衰亡满怀关切，所以才写出来如是长文，想讲清楚这桩晚清史事，以为当世的参考和镜鉴。再像他写定兴北齐石柱的文章，建筑艺术的部分大家都很熟悉，而文中还有对北齐史事的考证，与先前沈曾植（1850—1922 年）的长文又有商榷，这样综合的研究当时恐怕只有刘先生做得出来。这方面《明长陵》和这篇有点像。说到这里不妨做个比对，同样是商榷，刘先生北齐石柱这篇和梁、林合撰的天宁寺塔那篇相比，重点就大不相同，也很能体现他们各自的学术特色。刘先生文章节奏感特别好，也很值得学习，当然这也是他自幼摹写古文名篇得来的，但他将其运用到建筑学术的科学表述中，在以汉语写作的学术历史上也是前所未有的新事业了。刘先生笔下描绘的华北秋色，京南定兴、易县一带，着墨虽不多，但入画的景色跃然纸上，别有韵味。有些地方我从少时起就经常前往访古，有多次亲历的经验，刘先生的这些文字我也是多次读，很熟悉，但每次读到还是会觉得写得真好啊！这些篇章和梁先生的文章一样，单以游记之美都可以在文学史上占有一席之地。至于刘先生的《营造法式》研究，尤其是在朱桂辛先生指导下的校勘工作，当然是值得大书特书的。二十年前我还不懂，也无从置喙，如今借助古籍数字化的便利，才有可能理解诸先辈百年前在此领域的工作条件，还有他们的工作成绩，而这些条件和成绩也正是陈明达（1914—1997 年）、莫宗江（1916—1999 年）等人年少时的学习环境，营造学社的学术历程，须作如是观。后面一篇就是介绍北平营造学社时期刘先生作为文献组主任主持做的这样一项工作，对我来说，既是读刘先生的文字，也是读《营造法式》，同时也是在读中国营造学社的研究历程。不只这篇是这样，其他的也是。关于《营造法式》，还有篇短跋（2010 年），我原来写在故宫本《营造法式》的工作用本上，是当年刚买到该本翻阅一遍后顺便记的，纯属个人工作备忘，但因为不长，也有点儿内容，就都收进来了。

陈明达先生著作有关的有三篇。一篇特别长，是当初整理出版陈先生遗稿《〈营造法式〉辞解》的整理前言（2010 年）；一篇很短，是《营造法式大木作研究》的短书评（2015 年）；一篇最近，是今年（2023 年）元月刚写的，最后时刻插入了本书。陈先生的《〈营造法式〉辞解》（后简称《辞解》）原手稿只是文字，我在学习过程中又一步步扩充成一本书，又加了一些图，也做了好几年。主要参与的人收获都很大，但书印出来其实效果不太好，虽然前辈们还是有很多鼓励，可是我作为主事者自己知道没做好，图没排好，其实后期在印厂就知道了，但已箭在弦上了。营造学社学术的延续性，《辞解》表现得就很典型，我在整理前言里谈了很多。陈先生其实做的还是朱桂辛先生当年已经做的工作，梁思成在《清式营造则例》后面汇集词条也是这样，后来 2019 年组织"营造学社之道"的展览时看到朱桂辛的《营造辞汇》稿，就更确定了。所以，从陈明达《辞解》中首先可以看到的就是前辈朱、刘、梁等的影响，特别是刘先生这部分，因《辞解》各工种都有涉及，包括刘先生主持的彩画研究，虽然后来因时局动荡未能面世，但其实早已完成，陈先生《辞解》里相关的内容是需要放在这条线索下理解的。至于陈先生自己的学术，既来自他的老师们，又有他自己的特点。这方面我在整理前言以及两篇短文里也写了一些，尤其是《营造法式大木作研究》的书评这篇，虽然很短，但还是点到为止地说了几点。多年来一直想给这部艰深的名著写篇类似导言的简介，也是迟迟未曾动笔，当年受《世界建筑》之邀，写了篇短书评，感觉可以喘口气继续酝酿。陈先生建筑学术的最大特点还是关心建筑设计，当然，这也是建筑学术的基本特点，否则还叫什么建筑学术呢？建筑学术，如果不谈设计、艺术和文化，那还能谈什么呢？即使先谈别的，也还是要引向这几方面。陈先生在他的著作里一再强调这是他从梁先生那儿学来的。当然，时代用语有时候用"构图"更多些，其实就是以图形为媒介所做的整体形式把握——这是自巴黎美院以来对建筑师要求的基本功。陈先生所做的关于应县木塔、北朝石窟以及独乐寺建筑的研究，都是这方面的典范。对于木构建筑，他觉得结构、构造、雕塑都要放到整体构图里看；对于石窟，他觉得造像、浮雕、装饰也要放在整体构图里看，同时再看单独的造型手法、结构施工问题。可惜他和莫先生学习的时代，东亚佛教艺术的图像学才刚起步，老师们在这方面谈得也很有限，后来的学术交往又隔绝颇久，所以等他们年长时研讨这些佛教整体艺术的含义，就显出"巧妇难为无米之炊"了。

卢绳先生（1918—1977 年）比莫、陈二公晚一些参加营造学社，又于 1952 年来到七里台，成为天津大学的建筑学术最重要的奠基人之一。我在这儿学习工作近 30 年，受惠于前辈的学荫，学习越久体会就越深。近些年因准备卢先生文集整理出版工作的机缘，对他的学术与风范又有了进一步感悟。借此机会我得到了多位师长、前辈的指教，收入本书的关于卢绳先生学术生平的这篇纪念文章（2018

年），实际上就是从他们回忆卢绳先生的文字中，以及从卢绳先生的诗词文稿中，反复阅读后归纳出的一些感想，虽然还很肤浅，但也还是希望提供给来天津大学学习的同学们稍加了解，可以作为继续学习的铺垫吧。卢先生是在沙坪坝时期的中央大学学的建筑，接受到了"学院派"的训练。图和画对建筑师来说分量很重，他在不同时代的画作也很值得学习，承徐凤安先生的热心帮助，近些年我们也把卢先生的水彩画结集。我虽然水彩画得不好，但好在排版印行有幸得到业师章又新教授的指导。章先生是建筑画名家，卢先生又是他的建筑启蒙老师，我把这些渊源也在画集前言（2018 年）里大概介绍了一下。

冯建逵先生（1918—2011 年）是王老师的老师，早在20 世纪 40 年代就参加过张镈先生主持的北京中轴线建筑测绘，接着在天津工商学院教建筑绘图，为沈理源先生欣赏，1952 年天津工商学院建筑系合并进天津大学以后，冯先生长年在教学一线。冯先生直到耄年仍不辍丹青，素描和设色的建筑画都是中西合璧，堪称一绝。我上本科时就对冯先生高山仰止，读研究生后因为王老师的安排又有幸当面聆听冯先生的风趣教诲。提起冯先生对设计基本功之看重、古建筑的学识功底之扎实还有建筑绘画之精妙，天津大学建筑系几十年间的毕业生皆有口皆碑。2018年底我们开了冯先生百年诞辰的纪念会，当时我配合吴葱老师合写了一篇纪念文章，因为冯先生的一生承载了天津大学建筑学派的很多突出特点，所以这次也把这篇文章收到这本书里了。

写朱桂辛先生著作的这篇（2022年），是已发表文章中最晚近的一篇。清季以来，湘人于国家的学术建设、社会建设的贡献之巨，是天下皆知的事实。朱桂辛自幼在湖南长大，关系密切的亲友师长也多是湘黔士人圈子里的。从他高寿一生的经历看，那种浓厚的经世济用的学风对他影响太大了——务实、开放、求新，营造学社的组建以及中国建筑学术最具光辉的理论成果都是因此孕育而来的。他的文章、著作和实践都在提示我们，不要把"学术"做窄了，要胸怀天下，要踏踏实实，要服务社会。

朱桂辛于礼经、记皆极熟，还是旧时读书人的本色。不过，孔子时代所阐发的礼，不用等到20世纪，其完整的艺术实践早在之前多少代就已经衰落了。对很多人来说，夫子的教导仅是倚靠汉语文献的传续而系于数缕，离开艺术的滋养和启迪，徒有经、记的文字，礼的真意也实在难解。回看夫子时代的"艺术学习"，被他表述为基础的诗、高阶的礼和终极的乐，如此完整的艺术学习，对朱桂辛及其同代人还是太奢侈了，学习的工具和理论都很匮乏，所谓一代有一代的学术，即是如此。老辈中虽有如蔡孑民（元培）先生（1868—1940年）对美育、美术的大力鼓吹，但真能较为系统地获得西方文艺复兴以来存续发展的哲学、美学与艺术史学的理论滋养，还是要到梁思成这一代人，更多地从年少学生时期就开始学习，尤其是视觉艺术分析的利器，进而"重新发现"历史上、特别是夫子时代的艺术成就以及对于"人是什么"的深刻理解。今天我们能有幸在艺术的海洋中游泳，反复体会艺术创作的内容与形式、真心与巧思，这都成为重新诵读夫子教导的宝贵机缘。艺术学习有多重要、有多宝贵呢？只看离现在比较近的清代学者的经学成绩，就十分明显，即使像戴东原（1724—1777年）、孙诒让（1848—1908年）那样的大学者也没有掌握这样重要而基本的"读经"工具啊。这些感触是近些年反复阅读夫子教导得到的，也会体现在正在写作的拙著《〈礼器〉解说》中。该书的写作缘于近些年给天津大学一些感兴趣的同学们连续上百次课的课下闲谈，也曾做过初步的汇集，算是该书的demo版，这个内部demo版的前言（2019年）这次也收到了本书里。

包括纪念中国营造学社九十周年的那篇导言（2019年）

在内，这本书还收入了几篇我近十年来为期刊专栏撰写的简介文章（2014—2022 年），有的是以编者按的形式，有的权充作专文，少则几百字，多则数千言，但不管长得样子如何，其实主要都是对该主题里各篇文章所做的极简要的个人总结。收入本书的考虑是，可能比较方便作为同学们阅读时文的参考，写读书报告什么的，如何简短概括出文章的要点、特点。至于内容倒在其次，都只是我个人很不成熟的看法，还是想能在架势上帮同学们找找感觉。还有篇写《华夏意匠》的（2006 年）也可以帮同学们找找感觉，其中包含对原书的总结，也包括对先前的已有总结的总结，可能同学们写读书报告练习时参考起来更"好用"。和这篇大约同时还有篇"五校联展"的书序（2006 年），也是在我刚工作的头几年写的，那段时期还有一篇和王老师合写的关于建筑史教学的文章（2005 年），没有收进来。现在看来"五校联展"的书序相当于是策展人的自我总结，放在了展览结束后出版的图集开头。当时我和吴葱老师还到罗哲文先生家登门求序。罗公对晚辈非常亲切宽厚，加上他年少时就和卢绳先生交谊颇笃，后来又和很多老前辈一样十分看重王老师的学术成绩，所以对天津大学的事儿都特别关照。记得当时，他很痛快就答应下来，而且写得特别好，我觉得。

最后两篇，也就是本书的开头两篇，是从近些年上的两门课而来，也都和读书有关。一篇是向大一同学介绍建筑史是什么，很有挑战，几年前在许蓁老师的课上讲过两次（2015年、2016年），收入本书的文字是把讲稿做了精简，我觉得研究生同学也可以看看，谈到沃尔夫林（Heinrich Wölfflin，1864—1945年）、潘诺夫斯基（Erwin Panofsky，1892—1968年）以及维特科尔（Rudolf Wittkower，1901—1971年）的几本名著，对建筑史学习以及建筑学的学习都是十分基本又重要的。另一篇是前年"建筑历史与理论"研究生课的简版总结（2022年），关于舒瓦西（Auguste Choisy，1841—1909年）的巨著《建筑史》（*Histoire de l'Architecture*，1899年），虽是浮光掠影的阅读，但大家分头阅读后聚在一起交流一下恰可以感受到此书的深刻与博大，这也是建筑史学习的魅力。

读书的过程就是读者倾听作者讲述的过程，虽然是作者在讲，但主动权却在翻书的读者这边。朱老师在序里用近典，说我读书时既要看书也要看看作者，其实也不全是如此，哈哈。但朱老师这么一说就让我刚好想到两句话，可能大家也都熟悉。一则来自《庄子·外篇》，托不读书的梓匠之口说出读书的局限性。他说，跟圣贤的完整人格相比，书上就只剩下糟粕了。虽然看似话粗理也有点粗，但表达的穿透力有了。而且，看似矛盾的现象——《外篇》的作者一边动用他强大的写作能力把著述这件事贬低得一无是处，一边让被他的妙笔吸引而阅读下去的忠实读者们叹服于他的著述，并引发了深深的思考——两种事实同时摆在一起，那么写作和阅读到底可靠还是不可靠呢？这样引发的结构性疑问对思维的训练来说，就不只是热热身那么简单，而是高强度的"结构性"锻炼——"主体"意识的唤起。这当然很重要了，说是"伤筋动骨"也不为过。读者如果"很受伤"，作者的目的就达到了。虽然表面上读者很受伤，但"主体性"的唤醒可是最为强大的"治愈"啊，没有什么能比得上的。如果换从作者角度看，正是因为他本身对主体性有高度的自觉，对人与人之间主体性的互鉴有深切的关怀，才能像《庄子》的写作这样出神入化、无所不能，在千百年来的读者中引发无数的知音。这样看来，书虽然不至于是糟粕，但也确实只是"末"，是求"本"的凭借而已。同学们切不可以为读书是"学知识"，读书可是为了"求放心"，让自己获得"做人"的机会啊。即使是学知识，也是学做人的知识，包括那些所谓专业书籍的阅读，也是如此。尤其脑子聪明记忆力好的同学，如果只把读书当成面食表面滚的一层芝麻，求多求满，那还不如腾出点时间去晒晒太阳、踢踢球。另一则来自《孟子》，跟前面其实是一个意思，不过没像《庄子》那样表面上把读者堵到墙角，而是顺着说的："颂其诗，读其书，不知其人，可乎？是以论其世也。"孟子和《庄子》的作者一样，都是一流辩手，也是古老汉语写作一流写手，而且，他们也都是深爱人类而悲伤人类的伟大作者，是滋养于周文化和孔子言行之土壤的在地思想家。孟子和夫子一样，也总是满怀对人的信心，而且他理解和认同曾子的"守约"，明了人的敏锐其实也是人保有主体性的最大威胁，所以非常看重日积月累的学习。我想如果到今天，他一定会建议同学们多读书少看手机，说不定还会有一篇大文章出炉。孟子看重"养"，我总在课上转述，提醒同学们每天都要"浇灌"自己，不过同学们都太聪明了，所以一时还不会这么想，但却给了作为"高龄"学习者的我一个机会。

建筑史：建筑师的家传[1]

关于建筑历史，我借用一句话叫作"Architectural history, as the architect's patrimony"，就是所谓"子孙永宝之"——像宝贝一样长久地传下去。这种长久，首先来自建筑史所谈论对象的古老，这样的谈论本身往往也很久远了，比如两千年前罗马维特鲁威（Vitruvius）的《建筑十书》。

对于建筑学而言，建筑历史与其他深刻的历史思考一样，表面看来是提供时间的框架，实质则是结构性深化，同时整合了时间与空间广度的拓展。其关键在于思考建筑的真实问题：因为面对当下真实的建筑问题，而开始深刻地思考古老建筑的真实问题，从而获得了科学、系统地思考真实建筑问题的能力。两千多年前孔子和弟子们总结周代（也就是他们所在的当下）的墓葬空间与制作特点时，就已在建立这种历时性与共时性表现之间的联系。

这次课就以我阅读、学习和思考的"十种研究"来为大家介绍建筑史的概况。

---

1 本篇是著者分担的天津大学"建筑学概论"系列课程中一讲的记录整理稿，省略了大部分课上播放的图像，由著者和李桃整理成文。

一

海因里希·沃尔夫林

（Heinrich Wölfflin，1864—1945）

《文艺复兴与巴洛克》

Renaissance und Barock，1888

　　我们今天所谈的现代学术意义上的建筑史，首先跟艺术史关系很近，究其主线仍可上溯至欧洲文艺复兴以来的思想。百年前一位瑞士的艺术史学家沃尔夫林，在很年轻的时候就写过的一篇文章，直到今天对我们理解与思考建

筑问题都依然有作用，这就是《文艺复兴与巴洛克》。

沃尔夫林的另一篇文章《意大利古代的凯旋门》里有一句话，其实还是关于文艺复兴与巴洛克，叫作"巴洛克叩响门扉的时候，文艺复兴才真正认识到了古代"。这里的"古代"指的是希腊或者罗马或者泛指的古典时期。对于一年级的同学来说，其中任何一个词或许都有太多知识需要了解，但我想由此引出的是"形式"这个词。形式分析或者说形式比较是同学们开始学习、体会专业思考的关键。

直到今天，沃尔夫林一直是以形式分析大师著称的，他从很年轻的时候就以形式分析的方式介入了对于古老的建筑、古代的建筑或者说古典建筑的研究。这种方式非常非常强，也非常非常纯，一旦学术纯，力量是很强的。

实际上这件事情跟我们的学习有着直接关联，像我自己在天津大学（后简称 "天大"）学习建筑二十余年来体会到，以及也经常听王其亨老师说到，天大建筑系如果有什么自己的传家宝（Patrimony）的话，形式分析也许是尤为关键的一个。大家可以检验一下，什么时候你理解了"巴洛克叩响门扉的时候，文艺复兴才真正认识到了古代"，可能就算入门了。

在《意大利古代的凯旋门》中，沃尔夫林就用了一系列凯旋门的例子来进行形式的比较，我们来不及一一地讲，选其中一对，看能不能通过它们形式的变化来思考一下。

凯旋门在罗马时期是一种普遍存在的大建筑（Monument）。比较典型的是提图斯凯旋门。它完整的样子应该有几个层次，但是上部凯旋像的部分已经失去了。通过推测复原后有凯旋像的一种样子，我们可以想象它是一个如此巨大的东西。

与加维凯旋门相较而言，最明显的是，提图斯凯旋门没有三角形的山花——一个神庙形象最典型的部分，但它的檐部被拉大，使得歌功颂德的铭文可以被容纳。那是不是使檐部更显眼这样简单的原因导致两者不同呢？显然不是，因为提图斯凯旋门下部的柱、基座与门洞其实被重新整合，发生了整体的变化。

其次，两者显然比例不一样，提图斯凯旋门方一些，加维凯旋门高峻一些。柱子形式的选择即便看似差别不大，但值得注意的是，柱子和基座部分的交接处有很精确的线脚。线脚的意思是要把细部抠清楚，以此重新定义视觉上或名义上交接处的结构或者受力关系。柱子到底是架在台基上还是直接落在地上，对于我们想象和理解这个大的形状来说是非常不同的。当有取舍的时候，有消失的时候，有重新整合的时候，你就有可能明白制作者是如何看待某一种形式及其组合的。"观水有术，必观其澜"——看水流起伏急变的地方，这是很重要的历史研究的思路。

而且我为什么选择两张照片并置的画面呢，这可能算是一件非物质遗产。因为大概在一百多年前，沃尔夫林就是用同时播放的两张幻灯片来做对比。这对于现在有各种多媒体的我们来说太容易了，但在他的时代还是非常高级的，如果能有两张很好的照片做这样的比对，也仍然是非常直观有效的。

虽然今天这些古老建筑有的地方已经模糊不清了，但是如果你对形式敏感，还是可以把握到，就像沃尔夫林对凯旋门的研究。进而我想建议天大的同学做一个练习，借由沃尔夫林的提示，去品读校园里彭一刚先生设计的百年校庆纪念亭，或许就可以开始读懂它。

二

欧文·潘诺夫斯基

（Erwin Panofsky，1892—1968）

《哥特式建筑与经院哲学》

Gothic Architecture and Scholasticism，1951

　　潘诺夫斯基是有世界影响的艺术史学家，他最大的贡献是对于"意义"或者"含义"的研究。任何一种形式，尤其是建筑的立面或者说建筑的表情，都是有含义的而不是随意选择的结果。

潘诺夫斯基对文化非常感兴趣,古代的或者说古典的文化衰落之后进入所谓黑暗的中世纪,再后来欧洲偏北的地区出现了一批所谓哥特式建筑。哥特这个名字虽然是贬义的,但是哥特式建筑本身在很长的一段时间里其实是被很多艺术史学家歌颂的。其中更深层次的写作或者分析,就是潘诺夫斯基的《哥特式建筑与经院哲学》。这是潘诺夫斯基的一个重要贡献,来自视觉艺术的分析或者说建筑史的研究,这个关键词叫作思维习惯(Mental habit)。

经院哲学或者叫烦琐哲学后来往往成为一个很反面的概念,但实际上这个概念对于我们理解当时巨大的哥特教堂非常重要。换句话说,如果你不能理解他们的思考,就不能理解基于这种思考做出来的那么大的建设。这部分研究的核心内容大家可以自己去阅读,这里只提一个和形式有关的事。

哥特教堂有一个大家都很熟悉的东西,就是正面大而圆的玫瑰窗。絮热长老在巴黎做第一个典型的哥特教堂的时候,就用上了大圆窗。大圆窗本质上是反哥特的,因为很多时候大圆窗跟教堂结构、开间的关系是特别矛盾的,但是立面上又特别重要,所以大圆窗用在正面怎么处理就变成了哥特式建筑要去解决的一个核心的问题。

著名的巴黎圣母院就为了处理它而做了很多调整。从外面看巴黎圣母院好像是三组开间，实际上里边是五个开间。如果按照实际的五开间划分立面的话，两边的小窗就会跟大圆窗的尺度无法相称，从正面的形式上看是难以接受的。所以立面上做出了一个"重新的"设计，就是把两边的两个开间整合成了一个开间，使之可以跟中央开间的巨大尺度相匹配，再进行下一步的划分，对里边真正的开间数仍然有暗示。哥特教堂的一个很重要的特点就是从外面的形象可以看出里边的结构。

　　大家可以看见正立面是一个专门调整的结果。另一个哥特教堂的例子也是三开间的立面形象，仍然是中间有一个特别大的圆窗。但里边的平面就没有再分两下，跟巴黎圣母院不一样。

　　另外你会发现高度发达的图案到处都是，不仅给玫瑰窗配上复杂的图案，下边的门也用上了，包括两边的窗，以及上边更多的小窗。于是你会有这种上升的、高耸的、无穷无尽的感受，这是包括歌德在内的很多人面对哥特式建筑时非常直接的感受。

三

鲁道夫·维特科尔

（Rudolf Wittkower，1901—1971）

《人文主义时代的建筑原理》

Architectural Principles in the Age of Humanism，1949

　　第三个例子是维特科尔。恰好他的这本关于文艺复兴建筑的书近年已被刘东洋老师译成汉语出版了，叫《人文主义时代的建筑原理》。

维特科尔以文艺复兴初期最重要的建筑师阿尔伯蒂（Alberti）的四个作品，准确地说是四个教堂的作品，更准确地说是四个教堂的立面为例，为我们再现了阿尔伯蒂在他不长不短的大概 20 年左右的建筑实践生涯中，如何把古典的建筑改造为墙体的建筑（Wall Building）。如果取古典建筑这个词的狭义的话，应该是希腊文化最灿烂时期的建筑，墙体的建筑则被阿尔伯蒂认为是罗马的建筑。大家以后可以体会一下，古典建筑非常重要的特征之一就是它有完全显露的柱子，柱子是孤立的，可以被直接感受到，多个柱子一列，往往形成柱廊，被强调的是柱子的雕塑感，而不是把柱子贴在墙上，以浮雕或者是绘刻的形式出现。

从希腊到罗马时期，建筑的变化过程其实用了非常久的时间，是由好几代人完成的。但是阿尔伯蒂在文艺复兴时期重新思考时，是用一个人的一辈子来做这件事。所以到作为例子的第四个教堂的立面被设计的时候，他已经超过了一开始认识古典建筑和罗马建筑的水平，再用这种非常严谨的近似考古学的方式他就可以把握得很纯了，他已经超越了简单的移用和模仿，而能把山花、大的柱子、完整的一个柱子和拱券、贴在墙上的方柱子等种种所谓的手法都运用自如。

这个时候呢，有点像沃尔夫林说的，"巴洛克叩响门扉的时候，文艺复兴才真正认识到了古代"。我觉得对于阿尔伯蒂个人来说，他已经在做这件事情了，但对于整个文艺复兴时代而言还没有。阿尔伯蒂主要的功绩其实不在设计而在写作，帕特农神庙跟罗马时期墙的建筑（比如罗马时期的凯旋门、古典的柱子或者柱廊等）比是不同的，对于这一点，阿尔伯蒂的理解非常深刻，从设计结果看可能只是没有用圆柱，实际上已经在之前经历了整个时期的设计思考。

这本书还提到了一位不能绕过的人，最重要的建筑师帕拉迪奥（Palladio）。他主要在意大利的东北部活动，在威尼斯及其附近的维琴察。佛罗伦萨是文艺复兴的城，维琴察是帕拉迪奥的城。帕拉迪奥把一种高级的思路 —— 把房间平面和立面的数字比例跟音乐的比例相关联的思路，不仅用在教堂或者是公共建筑上，甚至用到了住宅的设计上。帕拉迪奥设计的一座所有学建筑的人都认识或者会认识的住宅，也就是在维琴察南边不远的圆厅别墅，那它长得样子呢 —— 其实是个庙。

维特科尔最重要的证明就是全书的最后一部分 —— 从对实物、图纸的分析，对于建筑本身的分析再加上从重要文档中得到的结论，就是文艺复兴时期的人，从阿尔伯蒂到帕拉迪奥，甚至不仅是建筑师，其实共有一种思维习惯，就是建筑要跟音乐的美有关联。

因为这种追求，文艺复兴建筑不会是艺术史学家拉斯金（Ruskin）抨击得那样简单和低俗，而在于古典一旦沉没了，再被复兴或者再重唤起来的时候，需要不停地有真正活着的人的思考。文艺复兴时期人们做的这些思考，其实也需要建筑史学家或者其他历史研究者再把它们重新唤起，否则我们是不知道的。

就像大家熟悉的蒲柏在牛顿墓前的诗句一样，维特科尔这样的建筑史学家的写作就是把文艺复兴时期阿尔伯蒂、帕拉迪奥他们曾经的思考重新照亮。文艺复兴也一样，把古典时代人们的思考重新照亮。重新照亮的时候，你就不仅理解了阿尔伯蒂和帕拉迪奥或者文艺复兴，也理解了古典。再回到那句话，也就是沃尔夫林所说，"巴洛克叩响门扉的时候，文艺复兴才真正认识到了古代"。

四
梁思成
（1901—1972）
《蓟县独乐寺观音阁山门考》，1932

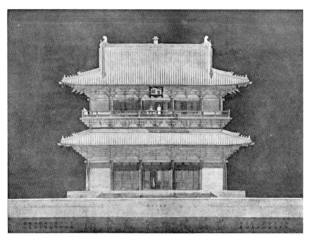

梁思成"蓟县独乐寺观音阁"渲染图

1932 年梁思成先生发表了一篇非常重要的文章《蓟县独乐寺观音阁山门考》。当时他 31 岁，加入中国营造学社的第二年就来到独乐寺做研究，然后发表了这篇非常长的文章，90 页。

梁先生第一次来到独乐寺时很惊讶，因为之前他正在努力写作，翻看很大的书——法国汉学家伯希和（Paul Pelliot）出版的《敦煌石窟图录》（*Les Grottes de Touen-houang*）。里边的壁画有很多唐代建筑的形象，梁先生把它当成是研究唐代建筑的独一无二的图像材料，因为当时除了在日本有相当于唐时期的实物之外，还不知道国内是否有唐代建筑遗存。

所以你可以想象，梁先生整天就在翻这些图，这些建筑画，等他把《我们所知道的唐代佛寺与宫殿》写出来，从北平（今北京）来到蓟州的时候，突然就看见一个活生生的唐的东西。虽然名义上它是属于辽时期的建造，但是它的风格，即整体视觉感受，仍然是唐的。他写得很精彩，意思是如果你熟悉敦煌石窟里所谓净土图的壁画，再来到独乐寺一看，就会以为自己化成了一个小人进到壁画里边了，这是很"现象学"的描述了，非常生动。如果我们有了之前说的形式分析的能力的话，梁先生的话会敲打到你的心扉。

梁先生的渲染图的细节其实非常丰富，这是从宾夕法尼亚大学（后简称"宾大"）传承的巴黎美院的建筑学传统。梁先生曾说他去宾大读建筑的时候上了一门课叫建筑史，他说没想到世上还有这样一种学问，喜爱得不得了，后来这个学问也就成了他生命中非常重要的一部分。

他在文章中最重要的学术上的看法，就是把斗栱或者说从柱础、柱身、柱顶的斗栱到檐口的这一套东西，跟他学到的建筑史中的柱式（Order）相比，非常明确地不惜笔墨地去讲这一点，这是之前的研究者未曾这样明确地说的。你看他说"斗栱之变化，谓为中国建筑制度之变化，亦未尝不可，犹 Order 之影响欧洲建筑，至为重大"。讲得多贴切！文章中很多这样的例子，一方面他的表述很准确，同时他的直觉特别好，在现场他直接就能感受到很多东西，虽然有所谓天生资质的因素，或因受教育情况和成长环境得到的经验，但是以我自己的经历来谈，这种对形式的敏感是可教可学的。我建议大家去了解沃尔夫林以来的这些成果，还有读这些书，去看这些实例，去思考，就是因为这个事情可学但是要努力。

梁先生还画了测绘图，包括正投影的剖面图、大样。在当时用这种很系统的方法来研究中国建筑的学者中，他是最重要的一个，所以梁思成先生对于中国建筑学术史的关键作用是无可替代的。

五

林徽因　梁思成

（1904—1955，1901—1972）

《由天宁寺谈到建筑年代之鉴别问题》，1935

平郊建築雜錄（續三卷四期）

四　由天寧寺談到建築年代之鑑別問題

林徽因
梁思成

本文曾在二十四年二月二十三日大公報藝術週刊發表，茲將舊稿再刊一略加删改，特收本刊。

一年來我們在內地各處跑了些路到北平生疏了許多，近郊難近，在我們心裏却像遠了一些。北平南安門外天寧寺塔的初稿竟然擲射未墜的多地方像未再去圖影這測一年半前所縈懷的下邠路踪那許多美麗的琉城角小樓磚碉於是全都淡淡的在角落裏初稿中儱晖着下去。

我們想國內愛好美術古蹟的人日漸增加，愛意北平名勝者更是不知凡幾成許對於如何鑑別一個建築物的年代也常有人感到興趣我們這篇討論天寧寺塔的文字或可供研究者的參考。

由天寧寺談到建築年代之鑑別問題

一二七

《中国营造学社汇刊》所刊文章首页

　　说梁思成先生就离不开说林徽因先生，当然林先生对形式美的直觉不比梁先生差，甚至更好。对于林先生而言，建筑师或者建筑史学家显然不是她的全部身份，她的身份可以非常多，"很敏感的人"或许是最重要的一个。

　　费慰梅的画让我们可以想象一下，当时林先生他们在北平的家里时常会有聚会聊天，画的或许是从他们住的大院往紫禁城那边看过去的景象。林先生不是只坐在太太的客厅里谈论，她其实会去现场，现场的感受是最重要的。你看林先生即便穿着旗袍，还是会上到现在中国最早的钟楼，一个两层建筑上层的梁架，你可以看见这个建筑的材料有多么巨大。

　　这里介绍梁先生、林先生合写的一篇很重要的文章，关于一座古塔的建造年代，其核心的工作还是对塔的形式分析。这篇文章写得特别快，大概一个星期就写出来了，讲的是北平郊区的一些古迹中，有一处天宁寺砖塔。在当时天津很有名的一个报纸《大公报》上，一个文化人连载了三期文字，讲天宁寺塔是隋代的塔，根据是清朝的碑刻文字。这样单向的判断当然是像梁先生这样的专业学者尤其是林先生不能忍受的。林先生在文章里边写，见有人把这座塔说成隋代，就像一根针扎在心里边，扎在身上一样。你现在再看这句话，也会觉得挺难受的，这样的话很明显就是林先生的表述，因为她的表达太没有障碍了。当时林先生和梁先生署名，林先生的名字在前面，也可以看出来这篇文章主要是林先生写的。《平郊建筑杂录》里边《由天宁寺谈到建筑年代之鉴别问题》同样发在《大公报·艺术周刊》上，成为一个强有力的回应。

对于天宁寺塔的分析，梁先生和林先生是放在一个很大的框架里面，就像他们后来整理出来的中国佛塔的演变模式图那样，他们能够将每一座塔放在全部中国塔的风格中比较，然后判断，接着定位，前面提到沃尔夫林对于意大利凯旋门的整体变化做的分析也是一样的道理。

我们稍微复原一下这个分析。塔的最下边是一个比较高的台基，有着非常丰富的雕刻，然后是比较高的第一层，接着就是很密地快速地收起的檐，最后是比较高的塔顶，虽然塔顶的部分已经被改动过了，但是比例仍然非常明确。高的第一层塔身跟台基不同，台基的部分更多的是雕刻的形象，一层塔身其实有门窗、柱子、檐、斗栱，作为一个建筑的形象更明确，接着很快地不停地有建筑的形象出现。因为各层斗栱的重复出现，以及八边形的平面等等，即便建筑本身是静止的，但可以想象那其实是一个动画。

林先生和梁先生无疑是非常快速、完整、有效地回击了那篇文章，写得特别清楚。作为初学者如果想去读、去了解建筑史的看法，这篇关于天宁寺塔的文章是特别适合的一个例子，所以推荐给大家。

六

陈明达

（1914—1977）

《应县木塔》，1966

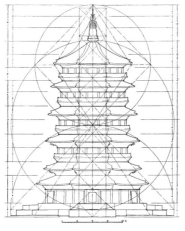

应县木塔立面构图分析 陈明达绘

陈明达先生的应县木塔研究对汉语的建筑学术史而言
十分重要，用陈先生自己的话来说叫"触及了古代建筑设
计和结构设计的本质问题，打开了探讨我国古代建筑设计
方法的大门"。其核心工作就是准确量化的形式分析，用
的是陈先生跟梁刘二位先生学习的西方建筑学的方法，也

还是文艺复兴以来的传统。

前一面的图可以作为陈先生很厚重研究的最精华的部分。你可以在其中看到沃尔夫林的形式分析，看到维特科尔对文艺复兴大师们建筑作品的研究。文艺复兴其实对整数比非常感兴趣，因为直接跟音乐美有关系。第一次系统地把这种方式用到中国建筑，尤其是古代大建筑的分析上，是陈明达先生的贡献，而且很令人信服。

说起应县木塔还要从梁林谈起，非常遗憾的是，林先生没有去过应县木塔，梁先生去的时候给林先生写信说你没来太遗憾了，这个遗憾当然无法弥补，因为他们来一趟太不容易了。梁思成、刘敦桢先生去了之后欣喜得不行了，用我自己的感受就是 —— 看到好的作品时，哪怕是一个局部的雕刻或一幅画，更不要说一篇文章、一本书乃至大的建筑，看了之后觉得非常好，然后觉得"可以死了"。

这件事情跟梁林很有关系，是因为林先生给报纸写通讯，把梁先生的信直接选发在报纸上，说自从梁先生知道有这个木塔之后就魂牵梦绕，刷牙的时候也会说这个木塔能不能去啊，什么时候能去啊，还在不在啊。他还在林先生不知道的情况下发了一封信，给应县最好的照相馆（其实应县只有一个照相馆），说要拍一张木塔的照片。于是林先生在家里突然发现从照相馆寄回来的照片，梁先生看了之后觉得太好了，就从大同去应县。可惜当时林先生从大同先回北平了，林先生觉得很遗憾，就把这件事情写出来，从一开始没去讲到后来梁先生在现场给她写信说木塔有多好，要是来了肯定不是五体投地，所有的体都投地。

他们当时的测绘就发生在这种情形下。"这个塔真是一个独一无二的伟大作品"，这是梁先生的话，"今天正式去拜见佛宫寺塔，绝对的压倒性的震撼，好到令人叫绝，喘不出一口气来半天。"我之所以很遗憾，是想象如果林先生能去木塔的话，能写出多么好的文字，因为她表达没有障碍，对文字有充分的把握，而且还可以写诗嘛，但是这件事情已经不可能发生了。

"不见此塔，不知木构的可能性到了什么程度，我佩服极了，佩服建造这塔的时代和那时代里不知名的大建筑师、不知名的匠人。"我觉得这个写得也很好，因为它指出了几个层面的问题，一个是塔本身是作品的判断，实际上他佩服的还是这个时代共性的东西（就像文艺复兴对于音乐美和建筑比例关系的兴趣，还有哥特的经院哲学的思考模式），还有具体的匠人，也就是把它们制造出来的那个人。因为所有的建筑都不是建筑师造的，画是画家画的，雕塑是雕塑家凿刻出来的，都是他们自己亲手制作的，但是没有一个建筑师的房子是自己建造的。所以一定会分层级，有大建筑师，还有匠人。可以想象，如果梁先生有机会再做类似研究的话，他会先去解读木塔这个作品，从形式分析，到建造，再到设计。当然后来陈明达先生接着做了更深入的工作，是梁先生、刘先生、林先生学术事业的继续。

陈明达先生终身七十年的好朋友，梁先生的另一个学生，也是中国营造学社的重要成员，就是清华大学的教授莫宗江先生。跟着梁先生测绘木塔的时候，他只有十八岁，在第一层和第二层屋顶之间的斗栱处测量，梁先生在屋顶边上，莫先生就看他嘛，所以就拍了一张照片。这是莫先生在六十几年之后再回忆这个事时说的，这张照片非常有名，已经载入了历史，主人公其实很年轻，只有十八岁。

陈明达先生通过形式分析，发现木塔的数字比例关系很整齐，他对木塔的结构也有很系统的认识。具体来说就是类似于柱式的斗栱不仅跟整个立面比例有关，同时也交织成一个完整的结构层，可以表述为刚柔相济的结构，刚的部分是斗栱层，柔的部分当然是有柱子的层，刚柔相济的结构对抗震来说是最有效的。

七

巫鸿

《武梁祠：中国古代画像艺术的思想性》

The Wu Liang Shrine: The Ideology of Early Chinese Pictorial Art，1989

巫鸿的《武梁祠》是非常好的学术写作表达。

在山东嘉祥郊外散落着一些汉代的石刻，乾隆五十一年（1786年），大概九月的时候，一个叫黄易的杭州人来到了这里，他看到地方志说竟然有这么个东西，于是发掘出来了已经淤埋在那很久的石刻。一百年后法国人沙畹（Édouard Chavannes）—— 一个很重要的汉学家，来到嘉祥拍下了这些石刻。

黄易把这些散落的石块重新发掘出来后，建了一个小房子将其保存在现场。这个动作非常重要，是今天我们能看见这样有关它的研究，能再去解读它的一个前提，否则这些石刻可能就散失了。

黄易当时是一个大旅行家、金石学者，他的书法作品也很好。前两年故宫博物院有一个关于他的大旅行的小特展。他走遍了中国东部的很多地方，去现场就做拓片，在山东武梁祠做的是最具代表性的一例。石刻的拓片得到了从欧阳修到赵明诚、李清照夫妇再到南宋的洪适等很多人的关注，当然首先是因为上面有书法作品，还有画像，汉代的石刻上都是很古老的故事，比如有一个人物拿着圆璧，旁边写着"……如赵臣也奉璧……"，另一边的人物配有榜题"秦王"，意味着拿着圆璧的人就是蔺相如。

石刻的一组画面其实是一个完整的故事，把最具代表性的时刻压在这个平面。更有名的细节是一个叫秦舞阳的人吓得抬不起头来，用余光看着整个事件的发生。可惜秦王的头已经失去了，所以我们看不见他的视线。还有一个打开的盒子，"樊於期头"在里边，我们能看见他的头、鼻子、眼睛。每当我们这样分析一个画面时，就会发现它不是那么简单，如果能理解到这一步，其实一下就跨越了一百年学术史。这个认识是一步一步发生的，那个时候没有别的办法，只能在现场或者通过拓片才能看见它，而不像现在有幻灯片或者网络。

画像石上还有一些形象，拿着工具的是勤劳的大禹，还有名义上夏朝的最后一个王，夏桀，拿着武器，两边有两个妇人抬着他，他们被以这种方式概括成了一个系列。两边侧墙的最上方分别是东王公、西王母，还有非常有意思的，就是从欧阳修以来一直没有被完全读懂的各种"表情包"：连理、玉璧、鼎、青龙、六足兽、共命鸟等等。

不管是文字、图像还是画面情节，一直到很晚的时候总是在被单独识别、研究。费慰梅起到了很重要的作用，因为她把这些散落的石块摆在一起盖成了一个小房子。我觉得费慰梅跟梁林的交流对她做武梁祠的研究很重要，因为石刻的内容识别已经被追问很久了，她首先追问这些石刻作为建筑的意义，而不是它们的内容。也就是先要问什么是武梁祠？武梁是一个名字，祠是他的祠堂。那么问题就变成了武氏祠或者其他的一些石室，它们到底是什么样的建筑。因为只能拿到拓片，费慰梅在纸上对这个房子做了一次复原。比如，武梁祠有两个侧墙、屋盖、后墙，组合成一个建筑的样子。

巫鸿先生在 20 世纪 80 年代做了进一步的推测：这些奇怪的形象，以及有意思的历史人物，它们被这样组织与放置是因为武梁祠首先是一个建筑，在不同的空间位置上有不同的意义，用我们专业的话来说会称之为空间关系。空间关系是我们感兴趣的问题，虽然这些图像形式跟刚才看见的，不管是凯旋门还是文艺复兴的教堂或是独乐寺观音阁，有很大的差别，但仍然是形式，只是稍微具体了一些。它们是"表情包"，非常直接，又被放在一个房子的不同位置被识别。虽然它们尺度比较小，但是空间关系或者说位置上的意义已经发生了，图像程序就是解释这些图像到底是以什么样的关系被组织的。

放在天顶的是祥瑞、征兆，两侧分别是东王公、西王母的神仙世界，往下接着是人类的社会。再区分一下的话，你会发现上边是历史人物，下边是现实的社会，在现实社会中央的是王。在种种人物形象中，有一个坐在牛车上的，所谓品德高洁的人，其他官吏从马车上下来向他来请安，这个人就是武梁本人。这意味着一个图像的自传或者自定义，从最早的伏羲女娲到大禹、到夏桀，然后是曾子，最后是武梁本人。

巫鸿做了一个非常重要的比较，或者说关联的建立，从上天到人间的过往再到当下，我们都知道这是在做什么——他在写历史。我们知道《史记》中有一篇《太史公自序》，来讲他为什么要做这件事情，自序篇幅不长，言简意赅，你完全可以把它跟武梁祠这样一个画像的空间对照着看，想象其所指涉的世界。这是巫鸿这本专著最重要的一个贡献。

八

王其亨

《风水理论研究》，1992

　　王其亨老师在前面的课上给同学们讲了很多了，但我还是想再谈一下我自己的学习体会。天津大学从卢绳先生以来对清代陵墓建筑的研究就很有成就，王老师又进一步将其发扬光大。跟武梁祠恰好可以形成一个很有意思的比照：

武梁祠这么一个小房子的建筑问题，也即空间问题或者说位置关系，确实可以探讨，但是它作为一个建筑（Building）来说太不典型了，而王老师探讨的清代陵墓太大了，不是一般意义的建筑尺度，是地理尺度的。往年我们上建筑史课时会跟同学们到东陵去一起走走，一走走一天，十几二十公里就过去了。

即使是这么小而精致的武梁祠，如果谈它作为建筑的结构性关系的话，跟清代陵墓建筑还是很像的，意思是回到建筑问题的本质，也就是回到我们的视觉乃至其他更多感受，回到人的整体感受，那就又回到了沃尔夫林以来的或者说文艺复兴以来的，再或者说古典以来说的建筑问题，在这个意义上两者是类似的。

王老师又发现了当时（清代的或者传统的），用梁先生的话来说，不知名的匠人和很重要的建筑师，比如样式雷家族，甚至乾隆皇帝本人，他们面对建筑问题时可能的思考。这些思考在王老师这又被唤起来了，王老师接着告诉了我们，假如我们也有类似这样的思考体验，就会觉得"可以死了"。虽然乾隆皇帝他们都已经不在了，我的意思是这种思考仍然可以重新发生，前提是我们要去主动感受和思考。

王老师上一次课已经讲过西陵了，我就不多说了。

东陵，我们来快速感受一下：非常大的尺度，非常精致的设计。在一个建筑组群的结构关系之中，这是很厉害的事情。比如东陵的大门，在离它可能有几十米远的时候有一个位置，一定恰好能把下一个主体建筑放进中央门洞这个很好的图框里，同时围成广场的四个华表正好能放进旁边门洞形成的框里，这些都是精心设计的结果。

这样一来，下一个主体建筑先被前面的大门以一种方式嵌入一个新的画面，经过门洞后再次看它的时候，自然的山体出现了，刚好依托在它后面。这个时候又会被唤起一种新的心理感受，你会觉得自然造化的结果甚至没有人造的建筑大，这是非常高级的设计。

华表和石像生的序列都是石造的，石造物很早就被定义为永恒，用石头来做典型的纪念物，用一个序列来进一步渲染纪念性的气氛。

下一个画面又是核心的部分，你可以感觉门先被大的山体抱在里边，接着山体又变小，出现在门的画框里。而且很有意思的是，当我们往回走的时候，会发现类似的画面仍然是被考虑到的。可以看见山的主要部分正好被圈在门框里边，而且是稳定的等腰三角形。在下一个位置又能看到建筑被圈在山里边，山成了它的背景。这个画面太高级了，因为山不归人管，大尺度的设计，特别是标高的设计是非常复杂的。

王老师曾经去过很多地方，发现别的地方没有这样的例子。他告诉我们的时候，我觉得不一定，后来发现其他地方确实没有，只有这能看见，这在当下这个时代是独一无二的经验，也印证了人的视知觉规律确实在起作用，不管我们承不承认它。

九
富岛义幸

富島義幸，Tomishima Yoshiyuki
《平等院凤凰堂：现世与净土之间》
《平等院鳳凰堂：現世と浄土のあいだ》，2010

　　平等院凤凰堂号称是日本最美的建筑，或许也是东亚最美的建筑之一，早晨阳光从东边射到它的时候，晚上建筑里边亮起来的时候，真的都很美。中堂里的佛像是阿弥陀佛（Amita Buddha），在这里阿弥陀净土是一个已经视

觉地具体化出来的彼岸，不是停留在文本上的概念，因为它是一个真实的水池，即使放在室外尺度上是挺小的，但是彼岸的感觉已经有了。当我们从水池对面看过来的时候，看到的建筑形象实在是太复杂、太高级了，完全就是画里边的房子，精巧的设计使得这样一个现实中不存在的房子被造出来了。

凤凰堂建造的时期（11世纪中期），在东亚世界甚至东南亚以及南亚等整个跟佛教有关的世界都有一种焦虑，就是末法年代的焦虑。怎么办呢，就要"去往彼岸"，要把这件事不停地视觉化（Visualize），这个时候一批特别高级的东西，超级厉害、超级大的东西，爆发一样地出现了。比如刻经，像房山石经，比如建筑，包括应县木塔、正定的隆兴寺，和这个日本京都宇治的平等院凤凰堂，它们有不同的甲方，但是有同样的焦虑和期待。末日之感对于当时的藤原家来说特别真实，所以去往"彼岸净土世界"这件如此不真实的事，竟然能够真的发生，不仅可以亲眼看到而且还可以亲身体验。

在水池对岸已经看见了那么高级的画面，到了彼岸再进去能看见什么更高级的呢，也就是高级再升级，是挑战想象力的。这个设计到底如何做，平等院凤凰堂给出了一个范例。研究者推测了建筑室内完整时期色彩鲜艳的情况，包括顶部天花上边绘制的彩画，还有围绕在旁边的墙扉的九品往生图，里边画了阿弥陀佛来迎会，这是富岛老师的关于平等院凤凰堂的非常综合的研究。

十
华严的美术

"华严的美术"讲座海报

　　最后是我近些年研究辽代建筑的体会。如果接续哥特式建筑与经院哲学的思路，即设计哲学与同时代的宗教哲学密不可分，意思是对于哥特教堂来说，修道士们在文本上讲清楚了的东西，一定要在建筑上有同样的辩论，不管到什么程度的细节，一定要非常清楚地呈现出来。这种思路让我们能更好地理解11世纪到12世纪初席卷东亚世界的，包括中国北方的一个浪潮，这个艺术的或者文化的浪潮我称之为"华严的美术"或者叫"巴洛克的浪潮"。

因为把这个时期的建筑和唐代建筑放在一起的话，确实跟从文艺复兴到巴洛克的艺术形式非常像。你会发现所有建筑的方式，包括立面、结构、形式等等，在功能的推动下都在做同一件事情，没有一处是分离的设计（这点跟哥特式建筑是相反的）。这个时期对整体设计（Total Work）的追求是那么强烈，它就明明白白地摆在那，让我们无法忽视。

在佛教文本里边有一个比喻，叫作椽和屋子的关系。唐代华严宗的大师就说房子跟椽子实际上是一回事，当你说到椽子的时候，其实已经谈到了这个房子，因为椽子一定得被建造在房子里边，有一个位置关系，有功能、结构上的意义，才能称为椽，否则就只是一根木头。房子也一样，如果离开任何一个类似椽子一样的局部构成，你也很难说这是一个房子。这是在谈整体和局部的关系问题，思路其实跟文艺复兴是很像的。那么辽时期在中国北方爆发出来的这一批的作品，其实就在我们现在身处的天津、北京、大同等燕山南北地区，现在大概还有十个以内的数量，让我们能通过对整体设计的思考，体会它的所谓设计哲学。

第一个例子是蓟县独乐寺，刚才已经提到梁先生做了非常重要的开创性研究。在观音阁里能看到的一个场景，是中国建筑作品之中最打动人心的场景之一，实在是太强大了，有机会大家可以去被打动一下。其中一个重要的表现就是顶部藻井的塑造，在所有辽代建筑里类似的藻井还有五个，观音阁的是最早的，还有华严寺薄伽教藏殿内佛像上方的藻井。我们今天的天花板基本是平坦的，意味着天花板之下的空间是一致的、均匀的，而如果顶面的天花被做出了差别，可以认为设计者对顶面空间如何定义更为在意。在辽代的佛教建筑里，佛像的上方有一个很大的空间变化，既是体积的减法，同时也是可见的视觉空间的加法，意味着它一定要做出一个大的顶（Dome），就跟佛罗伦萨大穹顶一样，汉语把它叫作藻井。

辽代的另一个例子 —— 易县开元寺，在那你可以看到对于顶面的设计到了多么精致的程度，几何的秩序是非常明确的。还有应县木塔的大藻井，刚才提到梁先生、林先生、陈明达先生的相关研究，如果你去现场看，看久了也大概会有同样旋转起来的眩晕感受，在教室里看的话，仰头看会更逼真一些，最好是能有一个投往天顶的投影仪。

再看立面的设计，你可以看到对于立面的设计讲究到了什么程度，在意到了什么程度。当古老作品的立面设计是用很细节的制造实现的时候，尤其是门窗，往往最容易被破坏，所以过了大概900、1000年，这样精致的设计和制造的结果还能留下来是很难得的。2015年夏天我们发表了一篇文章来谈阁院寺文殊殿立面的门窗，讲的是它上边其实有很多梵字（Sanskrit），也就是古老的印度的文字，有很大的威力，比方说"om"，就是"om mani padme hum"打头的那个"om"。发语词都会是用"om"，它是能量源，所以被放在中央，你可以体会到位置是有意义的。还有很像奥运会徽"北京欢迎你"的梵字，此外还有青莲花、宝瓶、金刚铃、金刚杵等，都是有含义的。

金刚杵特别多，每一个梵字、宝瓶、青莲花、金刚铃都会被金刚杵环绕着，就像卫星跟行星的关系，然后它们又被组织在一个更大的体系内，就像太阳系围着银河系中心转。还有连缀处的宝珠，宝珠的特点是能反射（Reflection），可以映照，这是一个更重要的隐喻，意思是世界中每个人就像一个个宝珠，人与人之间像连起来一张网，我们看见的每个人都是互相映照的结果。这个结构非常明确，超级的"om"就在中央。

这些大概 900 年前制作的门很可惜只留下了一扇，但所幸竟然还留下来了一扇，更幸运的是，门上边的窗都留下来了，那么大家快速看一下这些窗，思路就是它也是同一个整体设计表现在立面上的结果，是在讲非常明确的含义，虽然我们现在可能对这些"表情包"不是那么熟悉了。

最后一个例子就是义县的奉国寺大殿，也是大概从 2006 年、2007 年开始做的一个研究，但认识也才刚开始。它最有名的地方就是彩绘，比如飞天的图案。现在距离关野贞第一次去到现场也有八十几年了。

我们当时关心的一个问题在于彩绘图案的空间关系或者位置的意义，经过梳理我们发现它其实有若干种类型，出现在这个大建筑上的不同位置，黄色标示的是第一种，红色的是第二种，蓝色的是第三种。非常明确的就是用蓝色标出位置的图案，是最强的，紧紧围绕着佛像。红色标示的出现在佛像前方大空间的大梁上（有一些不太整齐的地方，因为整个构架太大了，我们对它的调查还非常有限，但大体的规律是这样），还有四个角以及后边的梁下面。最后，黄色标示的就是比较弱的图案，放在前面空间的正面，整个秩序是特别清楚的。

而且让我们惊奇的是，这个秩序不只是抬头看见的彩绘部分，还跟造像、大雕塑包括柱下边的石雕有明确的对应关系。可以推测当时设计考虑的其实是空间限定的问题。这也是我刚才说到的那个席卷东亚世界或至少是我们身处的中国北方的巴洛克浪潮的一例，它动用所有的艺术表现形式在做同一件事情——"华严的美术"，表达没有障碍。

　　今天我大概就说这些，希望大家在以后的学习中可以有机会再看看这些书，应该还是挺有帮助的。

阅读舒瓦西《建筑史》[1]

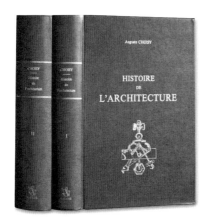

舒瓦西《建筑史》书影

丁垚：面对这样一部巨著，这次阅读算是望而生畏的
一次学习吧。但这学期几十个小时一起读下来，老师和同

---

1 本篇是著者主持的天津大学研究生课程"建筑历史与理论"2021—
2022学期结课讨论会上一部分发言的内容，由刘锦文和李桃整理成文。
限于篇幅，略去插图。杨菁、胡莲、卢永毅、王骏阳、赵辰、青锋、
汪晓茜等各位老师的发言未收入本篇。
舒瓦西（Auguste Choisy），1841—1909，法国建筑史学家，《建筑史》
两卷本于1899年出版，此后多次再版。

学们的收获还是巨大的。这部书确实是了不起的著作，即使距离它出版已经过去了120年，还是希望今天能在汉语的语境下，请在线的各位老师们，各位建筑史领域的资深学习者、研究者，再跟同学们集中交流一下，让同学们借这个机会再获得一些指点，能够更上一层楼。

为什么选这么一种书呢？确实是既有一定的偶然性，也有很强的动因。十来年前，我记得赵辰老师提到过，他参加了一次专门关于舒瓦西《建筑史》的国际会议。对于当时的我来说，舒瓦西还非常遥远，但是有了一个印象。近些年因为获得了更多的学习柯布西耶作品的机会，尤其是在刘东洋老师的提示下，开始思考学习舒瓦西《建筑史》对于柯布西耶职业生涯的意义。加上近些年学习资源很丰富，早先还不太方便深入阅读，现在确实具备了很多条件。

归根到底还是因为内容上，舒瓦西《建筑史》所述的，都是每个建筑学习者的"必修课"。从埃及到希腊，从罗马到哥特，虽然因时代的局限，有其侧重或称偏颇，但其思考建筑作品和建筑历史的综合性与深刻性，即使今天看来仍然让人叹为观止。对于建筑学的学生，当然包括建筑历史与理论专业的研究生，是非常值得好好阅读学习的。

以下是同学们对各自负责章节的总结发言。

I. Âges préhistoriques 史前时期

II. Égypte 埃及

1. Méthodes de construction 建造方式

2. Les formes 形式

3. Lois de proportions, illusions optiques 比例的法则，视光学的错觉

4. Monuments 纪念性建筑物

5. Aperçus historiques 历史概述

刘锦文 一是舒瓦西的行文方式。他总是详细地还原建造发生的背景、缘由和过程，并结合实物更直观、完整地说明建造发生的过程。遇到不同形式或做法时，他会指出不同做法的本质，并通过比较进行说明，给出自己的评判。

二是书中无处不在的关联。比如比例和算术的关联：书中谈到简单数字生成的比例，和以砖为模数的施工方法，可以在操作层面忽略差值、达成一致。再比如自然条件的约束、建造的组织、社会发展、思想观念的关联：以形式为例，形式来自材料特性和建造逻辑，或来自模仿自然或传统定式；而"是否永恒"的观念支配了材料的选择和施工次序，进而影响了组合方法，尤其体现在不停增建的神庙和不断扩大的陵墓的例子中；外族侵略或文化交流会提供形式及其组

合的新思路，但建筑师行会的谱系传统和大量奴隶参与的组织方式又会导致艺术发展缓慢。

三是舒瓦西的《建筑史》提供了一个较完整的框架，比如地域、时代、研究者、研究话题等，让我的认识更为深入。法语翻译的练习也减轻了我阅读柯布西耶图纸时的心理障碍。

III. Chaldée, Assyrie 迦勒底、亚述

  1. Méthodes de construction 建造方式

  2. Formes et proportions 形式和比例

  3. Monuments 纪念性建筑物

  4. Aperçus historiques 历史概述

IV. Perse 波斯

  本章二级标题与第III章相同

卢见光　第一，相比于其他的建筑史，他更重视建筑的主体地位，把最微观的放在最前面作为基础，而不是先讲社会，后讲建筑，这样的书写方式让人眼前一亮。

第二，书中始终没有放弃对建筑设计的思考，也就是对意匠的探讨。比如他会讲马蹄拱边角的不同处理方式，反映了当时人们对建造的看法；比如他会谈波斯拱顶的轮廓可以用埃及三角形的比例推导出来；再比如亚述的宫殿里人感受到的序列。虽然舒瓦西很

重视建造层面的事情，但实际上，他没有放弃从人的感受、人的体验去分析建筑。

第三是舒瓦西对建筑源流的概括。他把最基础的建筑实例和当时具体的历史事件结合起来，概括成很有方向性、很明确的图示，给人的冲击很大，也提醒我思考如文明交流等的大关系。

V. Inde 印度

VI. Chine，Japon 中国、日本

第V、VI章的二级标题与第III章相同

VII. Nouveau-Monde 新大陆

1 Construction 建造

2 Formes 形式

3 Monuments 纪念性建筑物

4 Aperçus historiques 历史概述

马鑫悦 三章讲述结构相似，但各有特点：印度部分讲宗教建筑较多，绘有印度教、佛教、耆那教建筑在印度的分布示意图；中国部分谈到竹制建筑的编织；新大陆部分主要介绍墨西哥和秘鲁的建筑。

三章虽内容丰富，但篇幅较其他章节少，是当时欧洲不太了解的部分。有意思的是可以通过舒瓦西——一个19世纪西方人的视角来看中国和日本的建筑。比如舒瓦西赞扬中国、日本的烧砖技术完美且开始时间

早，但却几乎只建木构建筑，日本可理解为出于抗震考虑，在中国可认为与不指向未来的实用主义相适应。他认为日本建筑更优雅、自由，但日本除了向中国学习外，似乎没有自己的艺术方式，两国人民的个性只在具体操作方面有区别。

讲时代、社会、文化源流时，他将本章与前面章节关联起来。比如印度建筑受到波斯的影响，印度把佛教传到中国，中国再影响到日本。新大陆则可能受到亚洲的双重影响，一是从海路过太平洋，在安第斯山脉西坡传播；一是经陆路由中亚传至斯堪的纳维亚地区，再过大西洋，传播到安第斯山脉东坡。这也体现了舒瓦西的观点：文化不是闭塞的，而会相互影响。

Ⅷ.Rayonnement occidental des premières architectures
　　早期建筑对西方的影响

Ⅸ.L'art préhellénique au temps de l'outillage de bronze
　　青铜时代的前希腊艺术

Ⅹ.L'art préhellénique au temps de l'outillage de fer
　　铁器时代的前希腊艺术

白慧　第一部分主要讲述艺术在向西传播的过程中，赫梯人和腓尼基人的商业活动起到了重要作用，他们通过航海将埃及物件传到地中海沿岸的重要港口。最终两者的传播路线在希腊半岛交汇，预示这里将成为一个辉煌的建筑中心。

前希腊时期较重要的标识是铁器的发明和使用，它区分了两个文明阶段。铁器使用与否对砌体结构、装饰及造型艺术的发展都有较大影响。舒瓦西绘制了由东到西、从波斯到伊特鲁里亚的柱头的演变，其形式呈现出较高的相似性，认为这也是早期艺术由东向西传播的路线。

我的体会之一是舒瓦西的叙述方式，虽然书体量很大，但每一部分措辞都简单清晰，高度总结、精炼信息，能感觉到他对客观性和精确性的追求。

二是他对各历史阶段秩序的确立。他常用到"vers"，将近、接近，表明他对建筑具体的建造时间不很执着。同时他会采用不同的时间参照，比如世纪、朝代或君主。此外他也认为工具的使用是判断时期的重要标志，比如巴尔贝克巨大砌体的建造标志着铁质工具的运用。这也让我了解到，除文献记载，实物本身蕴含的信息也是重要依据。

XI. Architecture grecque 希腊建筑

　1. Méthodes de construction 建造方式

　2. Éléments généraux de la décoration 装饰的基本构成

　3. Ordre Dorique 多立克柱式

史聪怡　舒瓦西从希腊的历史背景，谈到柱式研究是希腊艺术史的主要部分，但需先回顾建造方法和装饰的普遍元素。建造分为黏土建造与石构，主要介绍石结构的一般程序、建筑细节、屋顶框架、施工进展、如何完成等和石块的砌筑、磨平、发券、接缝、连接、搬运、起吊以及修筑过程等各种细节。装饰部分包括涂料、线脚、雕塑、绘画等装饰元素，并从分期、功能、变化等角度进行阐释。多立克柱式主要介绍其形式起源与变化和各个组成部分，包括基台、柱础、柱身、柱头、楣梁、檐壁、檐口、山墙等，以及室内外柱式的不同和转角处的柱式处理。

感受较深的有以下几点。首先是建筑的比例，这部分的描述非常多。多立克柱式的比例在不断的探索中趋于完美，不仅柱式整体的比例如此，细部自身及细部之间的比例也是如此。

二是舒瓦西的叙述一直沿时间顺序，从古风时期到古典时期的早、盛、晚期，从起源到演变，详细叙述了不同时期的特点。同时经常对比古风时期和古典盛期的神庙，让我更清楚地看到它们的特点。

三是舒瓦西的叙述非常细致，让我学到很多知识。

XI. Architecture grecque 希腊建筑

4. Ordre Ionique 爱奥尼柱式

5. Variétés des ordres Grecs 希腊柱式的种类

6. Proportions 比例

刘丽子 与传统教学相比，这次的学习更积极主动。舒瓦西对古希腊柱式的评价非常高，开头就不吝赞美，将古希腊柱式和古希腊名作《荷马史诗》类比。以六柱神庙的正立面为例，柱距可以等分面阔，但古希腊人变化柱距，形成与《荷马史诗》类似的阴阳关系。可用数字表示为1-2-3-2-1的节奏感，与《荷马史诗》六音部的长短短格相合。这并非巧合，而是古希腊人可以从建筑中读到这种节奏。建筑比例部分，舒瓦西指出公元前5世纪初古希腊出现散文文学，而此前可以表达思想、有节奏感的艺术形式仅是语言和建筑。所以当时它们是有关联的。同时与古罗马一味追求高大不同，古希腊人重视尺度，以人为核心。节奏性、比例和谐等精心的视觉设计，使古希腊建筑成为不可超越的经典。

XI. Architecture grecque 希腊建筑

7. Compensation des erreurs visuelles 视错觉的校正

8. Le pittoresque et la symétrie perspective 如画的和均衡的效果

9. Le temple grec：①plan；②la cella, ses dispositions intérieures, sa toiture, son éclairage；③l' extérieur des temples；④ornements et annexes des temples 希腊神庙：

①平面；②内殿、内部布局、屋顶、照明；③神庙的外观；④神庙的装饰与其他

刘天洋　感受最深的一是希腊人善于利用视错觉获得微妙的建筑形象。书中一段话非常好："无论如何，这种不寻常的线条总会给人一种神奇的印象，懵懂的观者也会感觉到一种不寻常的微妙的魅力。在精心调整之后，建筑外观具有了明显与众不同的气质，稍有鉴赏力的人都难以忽视。僵硬乏味的线条消失不见，优美动人的形象呼之欲出。即使观者难以洞察秋毫，也不得不为之叹服。"

二是帕特农神庙各处少有直线，多为经过慎重处理的曲线或折线，台阶以一种复杂的方式拱起。平面虽是矩形，但不以正面示人，而以侧角示人，呈现出均衡如画的建筑形象。

此外，受希腊城邦共和政治及希腊人对自然地形的尊重等因素影响，希腊神庙建筑群排斥对称、追求灵活均衡。平面布局会随功能需求变化。屋顶会运用阁楼和各种采光手段，如奥林匹亚宙斯神庙为充分展示内部的宙斯神像，设置了双层内廊。

希腊是东地中海的交通枢纽，希腊神庙的形式源于迈锡尼的宫殿，发达的视错觉手法，最早出现于埃及。马其顿帝国崛起后，希腊共和城邦渐次灭亡，建筑转

向威严对称。而雅典卫城如画均衡的风格在罗马共和国中存续。但最终对称风格被罗马帝国发扬光大。

XI. Architecture grecque 希腊建筑

10. Monuments de l'architecture civile 民用建筑

11. L'art, les ressources, les époques 艺术、资源、时代

XII. Architecture romaine 罗马建筑

1. Méthodes de construction 建造方式

吴亦萱（留学生） 要了解希腊建筑，首先要比较希腊社会和艺术运动的发展。注意希腊建筑、雕像和文字风格的同步性。

罗马建筑的建造部分，主要包括柱廊、交叉拱的结构做法以及施工程序。舒瓦西认为罗马建筑是功利的，建造公共建筑，如温泉浴场和圆形剧场，是统治罗马人的手段。罗马人擅长在建造中移用其他民族的优点。如从东方学会烧砖，进而扩展拱顶的建造。罗马纪念性建筑的建造细节体现了罗马人的节约精神；有条不紊地现场分工，体现了罗马人的组织精神。相比希腊将装饰作为必要的表面，罗马人认为它仅是一个涂层。习惯于将装饰和结构分开处理的罗马人，不可避免地将它们视为两个独立的事物，所以渐渐认为建筑装饰是无用的，也可反映罗马人的功利主义。

XII. Architecture romaine 罗马建筑

2. Décoration 装饰

3. Les ordres dans l'architecture romaine 罗马建筑柱式

4. Les monuments de la vie civile et du paganisme romain 市民生活与罗马异教的纪念性建筑物

5. L'architecture dans ses rapports avec l'histoire générale et l'organisation sociale des Romains 建筑与罗马历史及其社会组织的关系

周颖　第一个感受是，舒瓦西无时无刻不在对比中阐述他的观点，如对比希腊、罗马、伊特鲁利亚地区之间的传承变化，并进行评论；如对比罗马各个地区的风格流派；如装饰上罗马与伊特鲁利亚、希腊有着千丝万缕的联系。舒瓦西将各自特点并列并做出总述。如比例上，罗马人比追求音律感的希腊人更具实用意识。罗马建筑的均衡性更多与使用功能相适应，不是一味追求比例公式。舒瓦西还用大量案例对比，介绍了罗马主要建筑类型和城市广场。

第二个感受是，书中插图对我的理解帮助很大。图是最能够反映他的建筑思想的，图都采用平行投影、等距透视的剖轴测形式，从下向上看。一张图既能够包括平面、剖面信息，又能直观展示建筑元素和整体空间的关系，还能反映出建筑光影。

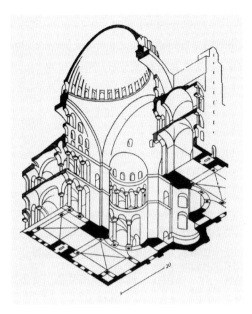

舒瓦西《建筑史》中
圣索菲亚大教堂的图示

　　第三个感受是，学习建筑历史要置身于作者的语境。作者生活的年代相当于我们的清光绪年间，那时法语用词跟现在有非常大的区别。而且当时信息交流有限，使得舒瓦西对不同地域建筑的认识与当下有所不同，在学习时要多多注意。

XIII. Rénovation chrétienne des architectures antiques: architecture latine, architecture des peuples chrétiens de l'Orient 古代建筑的基督教化：拉丁建筑、东方基督教民族的建筑

1. Méthodes de construction 建造方式
2. Formes 形式
3. Monuments：①dispositons générales des églises；②églises de l'Occident latin；③églises byzantines；④variétés locales de l'église byzantine；⑤l'aménagement intérieur et les annexes des églises 纪念性建筑物：①教堂的典型布局；②西罗马教堂；③拜占庭教堂；④拜占庭周边地区的教堂；⑤教堂的室内布局与其他

陶禹竹 舒瓦西按柱与拱廊，壁面装饰，线脚、雕塑、颜色，比例的顺序介绍了基督教建筑的发展。而后分析有代表性的历史遗迹，引出希腊十字和拉丁十字的概念，结合具体案例分析不同流派教堂建筑的特点。

这部分让我深刻感受到，建筑是基督教风格化的体现。早期基督教并不受重视，公元 4 世纪左右，基督教从被压迫、不被重视中解脱出来，变为罗马帝国国教；其思想逐渐渗透到各个方面，在建筑设计中体现得尤为明显。在基督教变为国教后不到 20 年，罗马帝国瓦解，取而代之的是西罗马帝国和东罗马帝国，

后者受到的直接侵略较少、相对繁荣。

我认为"风格化"就是各个地区因地制宜，逐渐形成了独有的建筑风格，产生了新的建筑体系。这些建筑体系依然和以前的艺术形式有所联系，并不是完全独立的。就像16世纪前后波斯开创球形穹顶后，沙俄挪用了它，并使之成为其建筑的主要元素之一。时空条件差异如此大的两个地方，却运用了同一种设计元素，因地制宜地做出了创造性更新与普适性改造，由此产生了具有潜在时空关联的建筑体系。这些建筑体系既是基本模板的细化与地域性改造，也是统一源流的强调与地域性体现。除严谨细致的论述外，舒瓦西也有风趣幽默的点评，增添了阅读的趣味。

XIII. Rénovation chrétienne des architectures antiques: architecture latine, architecture des peuples chrétiens de l'Orient 古代建筑的基督教化：拉丁建筑、东方基督教民族的建筑

3. Monuments：⑥constructions civiles et militaires 纪念性建筑物：⑥民用建筑和军事建筑

4. Génération, relations, influences des architectures du groupe byzantin 拜占庭建筑的传承、关联与影响

XIV. Architectures musulmanes 伊斯兰教建筑

1. Procédés：①constructions a toitures sur arcades；②con-

structions voutées 建造过程：①拱廊顶部的建造；②拱顶的建造

2. Formes 形式

3. Tracés et proportions 廓线与比例

4. Édifices 建筑物

5. Aperçus historiques 历史概述

李峰 印象最深刻的有两部分，一是伊斯兰教建筑的装饰。清真寺里的装饰非常精致细腻，一眼望去会惊叹于他们是如何完成的。作者通过几何分析表示，这似乎是一种结晶，根据周期性的规律在表面蔓延开来。这种几何关系在建筑上也有体现，即伊斯兰教建筑的外表虽然不规则，但却是由最基本的几何发展而来的。最后作者得出结论，只有简单的法则才能在极其复杂的社会中建立秩序。这让我深受启发。

二是拜占庭和伊斯兰教建筑的共同家园是波斯。波斯对小亚细亚和地中海北岸的影响产生了拜占庭建筑；对地中海南岸的影响产生了阿拉伯建筑；向东，在印度，形成了整个波斯艺术的殖民地；向西，波斯的影响又到了君士坦丁堡和非洲海岸，最后沿着非洲海岸流向了法国本土。这给了我一种看待问题的大局思路：建筑风格、建筑技术都是有联系的，在分析时不能孤立地看待问题，而要做地域上、时间上的思考。

XV. Architecture romane 罗马风建筑

1. La construction romane 罗马风建造

2. Éléments de la décoration romane 罗马风装饰元素

孔祥英　开篇从西方中世纪艺术运动的时代背景谈起：拜占庭和伊斯兰教建筑不断发展的同时，西方建筑相对单调地繁衍了五个世纪。从11世纪朝圣时期开始，东方世界展现在西方人的面前；随后12世纪的宗教战争时期，进一步激发了西方建筑风格的演变。

舒瓦西提出罗马风时期是一个伟大的过渡时代，是从借鉴到完全独创的过程；这时期的艺术是一种谨慎的尝试，之后逐渐过渡到哥特时期，呈现出更加自由的形式。罗马风建筑在法国地区取得了比较辉煌的成就，因此舒瓦西也不吝笔墨。

他比较了罗马风和古罗马建筑，表示建筑技术变化的最重要原因是建筑活动的组织形式不同。罗马风时期分裂的社会无法支持耗费大量材料和人工的建造，因此艺术开始转变，打破古老工艺、追求绝对真实的表达。这是罗马风时期的一大特征。

在比例、技法和序列方面，不同于古典艺术只建立在关系上的抽象和谐，罗马风时期"比例尺"的原理逐渐应用。建筑师们并不满足于用巧妙的技术来展示宏伟的效果，而是努力去放大效果。不同地区的不同流派各自发挥、创造，舒瓦西也对它们展开了比较详细的比较。

我的读书体会，一是虽然舒瓦西在建造技术方面用了大量篇幅，但他时刻在用社会和时代背景尝试解释建筑技术变化的原因，从而将它们的发展演变串联起来；二是在讨论建造方法的同时，舒瓦西也没有忘记去点评建筑，如建筑光影和艺术特征。

XV. Architecture romane 罗马风建筑

3. Églises romanes：①principales dispositions de la travée romane；②le transept et l'abside；③aménagements intérieurs et mobilier des églises, décoration figurée；④l'aspect extérieur, les constructions annexes；⑤géographie et historique de l'art roman；⑥aperçu des origines et de la formation des architectures romanes　罗马风教堂：①罗马风跨距的设计原理；②耳室与后殿；③室内布局与用具，装饰造型；④外观效果，附属结构；⑤罗马风艺术的地理和历史；⑥罗马风建筑起源和形成的概述

李晓　依托翻译软件及英语中介达到从法语到汉语的过程，让我看到了语言文字作为最基础却又最重要的工具，具有相对独立性的同时，又是包容、重组、可变的。但是在具体操作中我很难正确选词，恰当地组

织语言结构。学习的目的不在于翻译本身，而在于理解舒瓦西通过这本书想表达什么。

我了解了罗马风、法国建筑这一学习线索。大家的集体汇报实现了用当代认知穿越进舒瓦西视角，继而再现他所构建的世界建筑史框架。评价书中有争议的地方是容易的，但即使知道却很难做到的是，拥有舒瓦西的视野，并将他的思维体系用文字准确表达。

相较于无法确定各个风格、造型、结构、材料的中文名称，对我来说更不确定的是，建筑史的大门被舒瓦西打开过后，门外的建筑世界就全是他所构建的了。所以下一步我会看更多的学者所思考定义的世界建筑史，并且形成一条独立思考的线索，这样本书的阅读才会变得更加真实。

XVI. Architecture gothique 哥特式建筑

1. Matériaux et mode général d'emploi 材料与使用说明

2. Voutes gothiques 哥特式拱顶

3. Organes d'appui et de butée des voutes 拱顶的支撑结构和支点

韩依琪　一是舒瓦西很多观点从结构和工程的角度出发。他对于结构的理解非常深入，而且会通过画法几何的方式描述一个结构如何产生，非常清晰。他在序言中提到，带肋拱顶和飞扶壁是哥特式建筑最重要的特征，而尖拱只能作为第二特征。这一观点就出于他对结构的理解。他会从工程的角度看建筑的变化和演进，即结构发生巨大变化，才是新的建筑类型。

二是分析逻辑。比如描述肋架拱时，他的思路是一条纵向时间轴：先讲肋架拱在罗马风建筑中萌芽，然后讲不同时期肋架拱的变化。他也会涉及很多横向的、同一时期不同地域的对比，如详细描写法兰西地区的肋架拱，又谈到英格兰、安茹地区的变化形式。

三是他对于意匠的探索。舒瓦西会将结构和空间联系起来。如他在序言中提到罗马风建筑追求的是三层的大厅中有一个有穿透力的拱顶照亮内部的神圣空间，而哥特式建筑是改革结构，得到了罗马风建筑渴望而没有建造出的神圣空间。他分析哥特式建筑结构的出发点就是对神圣空间的追求。

XVI. Architecture gothique 哥特式建筑

4. Les combles gothiques 哥特式屋顶

5. Éléments de la décoration, chronologie des formes：①La voute au point de vue décoratif；②aspects successifs du pied-droit；③détails et formes successives du chapiteau；④socle et base；⑤aspects successifs et dispositions ornementales des contreforts et des arcs-boutants；⑥cor-

niches；⑦fenétres　装饰元素和形式的历时变化：①从装饰的角度看拱顶；②拱脚柱外观的连续性；③柱头细部和样式的连续性；④柱墩与基础；⑤飞扶壁的外观连续性和装饰设计；⑥檐部；⑦窗

李安如　舒瓦西展示了工地上整个建造的操作顺序，让我认识到屋顶本身就是一个很重要的加固装置。

第二点是形式整体变化的过程。我意识到哥特式建筑的形式不是一个抽象的概念，形式与结构的联系就像表达与思想的联系一样，对装饰手段的分析是对建造过程研究的一种补充。形式的变化，往往也意味着建造做法的变化。

第三点是关于工匠的。哥特式建筑师往往会使用13世纪的程序去修复12世纪的建筑。哥特式建筑师认为每一次加建或重建都必须带有时代的印记，不妥协于建筑原本建造时代的方法，整体的统一并不意味着细节程序的统一。其中一些精神与希腊人一样，希腊人在寺庙中嵌入从旧寺庙借来的雕塑，作者也在巴黎大教堂中嵌入了新雕刻的鼓楼及正在重建的教堂的碎片。这让我体会到哥特式建筑所体现的对建筑改易变化的保护和进步精神。

XVI. Architecture gothique 哥特式建筑

5. Éléments de la décoration, chronologie des formes：⑧tri-

forium et galeries de service；⑨portes；⑩combles；
⑪escaliers；⑫gables,pinacles,balustrades；⑬orna-
ments en relief, ornements colorés；⑭les proportions et
l'échelle, les effets perspectifs　装饰元素和形式的历时
变化：⑧三拱式拱廊与服务性走廊；⑨门；⑩屋顶；
⑪楼梯；⑫檐口、尖塔、栏杆；⑬浮雕装饰、装饰色
彩；⑭比例和比例尺、透视效果；

6. Les églises gothiques：①plans 哥特教堂：①平面

聂月　法国的建筑艺术追求与环境之间的对比，以对
立为目标，想打破水平线，使所有的线条都具有上升
的观感，这也是哥特艺术的一般特征。哥特式建筑带
给我的感觉是惊讶，这种感觉和古希腊、拜占庭的建
筑完全相反，这使得法国建筑有一种不可预见的、大
胆的、热情崇高的风格。这是源于基督教思想的。哥
特式建筑是属于法国这个时代和它的国家的。

舒瓦西谈到哥特式建筑形成于宗教和民间社会深
刻变革时。宗教秩序方面，主导权从修道院院长转移
到了主教的手中，民间秩序方面，开始有了市政生活。
所以社会生活的变化在建筑上留下了痕迹，主教大教
堂既是信仰表现也是城市纪念碑，为了迎合功能的转
换，发生了以下变化，如取消侧廊，使屋顶变得平滑，
平面上的过道数量减少为三个，等等。总之这一章阐

述了哥特式建筑结构和平面变化的缘由，暗含了它整体的艺术追求。

哥特式建筑可能不像我们所惯常认为的，相对于罗马建筑、希腊建筑是比较异端的存在，它有自己所处的独特环境，同样是很美很有特点的时代建筑。

XVI. Architecture gothique 哥特式建筑

6. Les églises gothiques：②la travée gothique；③le transept et l'abside；④particularités des églises de villages et des chapelles；⑤aménagements intérieurs, décoration figurée；⑥dispositions extérieures, constructions annexes；⑦géographie et historique de l'art gothique　哥特教堂：②哥特式跨距；③耳室与后殿；④乡村教堂和礼拜堂的特点；⑤室内布局、装饰形象；⑥外部设计、附属结构；⑦哥特艺术的历史地理

沈敬业　作者对哥特教堂剖面形式进行分类；结合内部陈设和外部轮廓，解析其空间序列，揭示其巧妙的均衡手法和优美的韵律；分析哥特式建筑在不同地区、不同流派间的区别及其产生和传播。

在罗马风建筑传播较充分的地区，恰恰是哥特式建筑传播相对空旷的地区。新的建筑风格最早蓬发之处，就是没有被旧风格所同化的地带。典型的哥特式建筑都围绕着一个共同的中心地带分布，这个中心同

时是当时正在形成的政治力量的中心。以此中心为圆心，在地图上画一个半径约 200 千米的圆圈，绝大多数的早期哥特式教堂都包含在其中。这个范围内的建筑常常使用飞扶壁，但更外围的地带就不会这样。

令人印象深刻的是，作者在这一部分当中专门提到了大教堂的建筑师都来自平民，这反映了平民阶层的精神。在罗马风时期，建筑师是唯一的艺术家；但哥特式从诞生开始，其代表就是平民。工匠和建筑师的技术来自旅行的积累和同伴关系，以及工地的经验。

作者也注重哥特式建筑背后的社会和历史等因素。每一个时代的建筑都是前一个时代的必然结果。人们可以或多或少地欣赏某个时代，但是每个历史阶段都是互相关联的，就像人的童年、中年和老年在有组织的生命中前后起继。哥特艺术犹如人的生命一样，在鲜活的身体中蕴含着衰败和死亡的萌芽。

XVII. L'architecture civile, l'architecture monastique au moyen âge 中世纪的民用建筑、修道院

  1. Procédés généraux 一般过程

  2. Le detail, les aménagements 细部，布局

  3. Les programmes, les édifices 程序，建筑物

XVIII. L'architecture militaire au moyen âge 中世纪的军事建筑

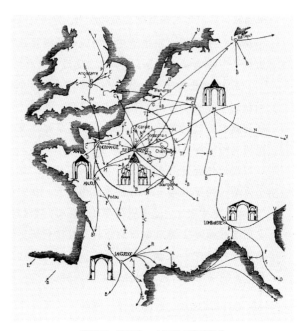

舒瓦西《建筑史》中哥特式建筑发生
的中心、辐射圈与影响范围的图示

1. Éléments de la fortification 防御工事的要素

2. Les monuments 纪念性建筑物

3. Orgines, variétés et derniéres transformations du systéme
   de défense au moyen age 中世纪防御系统的起源、种类
   和最后的转变

李潇然　第17章先在微观层面对结构、建造过程和装饰系统进行了剖析，推导了建筑物随着多样化应用发展出新类型的过程，揭示了相关社会变迁和技术发展。

第18章先对中世纪攻击和防御方式进行剖析，详细叙述了中世纪防御工事的建造过程，并通过细部构造与建筑布局的对比，建立起军事建筑起源及其在不同国家的传播与地方多样性的发展谱系。

我的体会是舒瓦西将整体与细节结合，建立了一个立足于历史社会背景的科学结构体系。在宏观视角下，以欧洲中世纪社会背景的变迁为脉络，通过对时间、空间两种维度上建筑细节的分析，对建筑演变的深层动因进行梳理；在微观的视角下，从结构、构造、装饰等不同层面进行系统性构建。

XIX. La renaissance en Italie 意大利的文艺复兴

1. Les foyers de la renaissance, les époques 文艺复兴的发源地，时代

2. Détail des procédés 具体建造顺序

3. Décoration：①ordres；②arcades；③couronnement des façades；④baies；⑤escaliers, cheminées et lambris；⑥la sculpture ornementale et la couleur；⑦proportions, symétrie, pittoresque　装饰：①柱式；②拱廊；③立面的顶饰；④窗口；⑤楼梯，烟囱和镶板；⑥装饰性雕塑和色彩；⑦比例，均衡，如画

4. Monuments 纪念性建筑物

5. Les influences, les architects 影响，建筑师

杨凯帆 意大利文艺复兴建筑源于古罗马及中世纪的建筑传统，并融入拜占庭式结构理性的思考以及东方波斯等地处理复杂建筑的建造技术。舒瓦西先从微观层面剖析建造过程（墙面、拱等）和装饰（柱式、雕塑、颜色等），论述装饰体系革新的命题——"先建后饰"，并强调这时期数学与比例在建筑中有了更多的应用，简单的数学几何关系成为设计的导则。

针对纪念性建筑物部分，舒瓦西认为宗教建筑经历了由布鲁内莱斯基（Brunelleschi）对建筑古典语言的探索，到 15 世纪古典传统与米兰学派的分化，再到圣彼得大教堂时代古典语汇的确定与教条化，最后到文艺复兴的尾声，共四个阶段。民用建筑有市政厅与府邸的典型与特例。

最后，舒瓦西讨论文艺复兴在宏观社会层面的深层动因：意大利本土政权分解，促使各公国统治者通过建筑艺术展现共同体的荣誉感，加之建造技艺较中世纪有极大的简化，使得王公贵族参与设计成为可能。文艺复兴时期的建筑师在与形式美相关的领域皆表现出一种普遍的天赋，其地位也随着大型宗教建筑的建造而得以提高。

这场伟大的艺术运动源于对繁复风格的修正与古典的回归，形成了全领域（绘画、雕塑、建筑）、全方面（细部到整体）地对简单形式回溯的艺术历程。

XIX. La renaissance en France, en Europe 法国、欧洲的
文艺复兴

  1. Les époques de la renaissance française, le mouvement Européen 法国文艺复兴的分期，欧洲运动
  2. Détail des procédés et des formes 具体过程和形式
  3. Édifices 建筑物
  4. Les influences, les architectes 影响，建筑师

XX. L'architecture moderne 现代建筑

  1. Principales époques de l'art moderne 现代艺术分期的原则
  2. Détail des procédés et des formes 具体过程和形式
  3. Édifices 建筑物
  4. L'art depuis la Révolution 法国大革命之后的艺术

王国政 法国文艺复兴的部分，作者通过对建筑装饰、结构、平面等转变的叙述，说明该时期建筑风格是在哥特风格的基础上，吸收意大利装饰元素，从而形成法国特有的风格。作者以建造做法举例，介绍建筑材料、装饰等的发展趋势：建筑师更倾向使用意大利风

格的装饰。以典型建筑为例，如哥特式教堂、城堡府邸等，阐明该时期建筑风格且建筑功能趋于简化。

现代建筑部分作者由实例入手，展现宗教战争后，建筑装饰及平面趋于简洁的特点，如建造做法方面，砖石材料、巨柱式及层柱式的应用，石块带层作为隔断等。以构件为例，作者说明了建筑设计随社会环境发生转变，如孟莎顶、简洁装饰、圆顶教堂、两用平面的出现。

丁垚：舒瓦西《建筑史》的阅读是这学期的教学安排，去年是读这些建筑史经典著作。每个我都"杜撰"了一个名字。第一个算是绪论，第二个是深入内心的形式分析写作，就是刚才青锋老师提到的沃尔夫林的书，算是基本中的基本了。然后刘东洋老师翻译的维特科尔的《人文主义时代的建筑原理》，揭示文艺复兴建筑之美。还有潘诺夫斯基的这两本刚才青锋老师也提到了，《哥特式建筑与经院哲学》和关于絮热长老的一个研究，这都跟哥特有关系。然后从李格尔（Alois Riegl）的《罗马晚期工艺美术》、吉迪恩（Sigfried Giedion）的《空间·时间·建筑》、阿恩海姆（Rudolf Arnheim）的《艺术与视知觉》，到柯林·罗（Colin Rowe）的几种书，接着开始向所谓专门的中国建筑研究衔接了，有喜龙仁 (Osvald Sirén)、柏世曼（Ernst Boerschmann），后面的就是日本学者，还有梁先生、刘先生、陈先生，直到晚近的我们王老师的著作，还有 20 世纪后期甚至这个世纪的著作。

虽然列出来的还很有限，但对学习建筑历史的同学们来说都有这种体会：打开了一扇窗、一个门看世界。我们会觉得获得了一个广阔的视野、视角。所以我想这个所谓的专业学习，如果能起到这样的效果就非常不错了。

Architectural History			
序号	作者	主题	书目
01	沃尔夫林	深入内心的形式分析	《文艺复兴与巴洛克》《艺术史的基本原则》《建筑心理学导论》
02	维特科尔	揭示文艺复兴建筑之美	《人文主义时代的建筑原理》
03	潘诺夫斯基	视觉艺术的综合分析	《哥特式建筑与经院哲学》《圣丹尼修道院长絮热》
04	李格尔	艺术意志的捍卫者	《罗马晚期工艺美术》
05	舒瓦西	编写一部伟大的建筑史	《建筑史》
06	吉迪恩	书写现代建筑	《空间·时间·建筑》
07	阿恩海姆	科学的视知觉	《艺术与视知觉》
08	柯林·罗	妙笔下的凝视	《理想别墅的数学》《20 世纪建筑的形式与功能》《拉图雷特》
09	喜龙仁	投向中国的欧洲视角	《中国古代艺术史》
10	柏世曼	大测绘	《普陀山建筑艺术与宗教文化》

汉语书写的建筑史			
序号	作者	主题	书目
11	关野贞	发现东亚古代美术	《中国古代的建筑与艺术》
12	中国营造学社	沟通儒匠，大测绘，汉语建筑写作的现代化	《中国营造学社汇刊》
13	梁思成	国史中的建筑史	《蓟县独乐寺观音阁山门考》《图像中国建筑史》《祖国的建筑》
14	刘敦桢	读万卷书	《中国古代建筑史》《明长陵》《定兴县北齐石柱》
15	陈明达	寻找中国古代建筑设计的奥秘	《应县木塔》《营造法式大木作研究》《巩县石窟寺雕刻的风格及技巧》
16	巫鸿	学术写作表达的示范	《武梁祠》
17	王其亨	中国建筑的科学与哲学	《清代陵寝地宫金井研究》《清代陵寝风水：陵寝建筑设计原理及艺术成就钩沉》《中国传统哲学语境下的风水起源》
18	梅晨曦	东土与西天	《唐塔与唐陵》

今年把其中"编写一部伟大的建筑史"单独拿出来做了一段，类似于刚才汪晓茜老师说的精读。我们确实没有进入舒瓦西如何写出来《建筑史》这本书的语境中去，大家都知道法国的埃及学发达得很早，所以他写埃及的某些部分时会明确写出来他的观点还有一些重要发现的来源。

也可以从中看到，在法国学术圈子里，"父亲是埃及学家的，儿子就是汉学家"。

所谓东方——印度和日本还有中国，相对来说中国的部分在这里面篇幅也是比较小的。我们可以感觉到在舒瓦西的那个时代，也就是钱伯斯 (William Chambers) 以后的，欧洲汉学家、探险家和科学家们进入清朝的时空范围内的这部分基础科研工作，内容上确实还是非常有限的。

但是法国的学术有一个特点，那就是启蒙运动以来很重要的一部分与儒学（或者说东方的哲学或中国学术）的关系很近。启蒙运动是清初到中期的事，舒瓦西写建筑史是清末的事，其实都是清代学术时候的事。虽然我在这方面没有什么发言权，但我总的感受是他们和所谓中国学或者汉学有一种亲近感，所以重点反而不在于舒瓦西对中国建筑的判断和结论本身，而在于他的视角，这个说起来可能有点"空"。

舒瓦西这本书的中国部分，明确用到了雍正朝的工部《工程做法》。因为利玛窦以来中欧之间的文化传播还是很有些渠道的，来往还是比较密切的。但对建筑和艺术较为系统的实地考察，要等到清末，大体与舒瓦西写《建筑史》同时期。换句话说，在他写之前，还没有后来我们熟知的这些海内外学者对中国建筑的实地考察，因此显然还没能支撑舒瓦西《建筑史》这部巨著的写作。他能拿到《工程做法》这样的书，并谈论了一些，已经不容易了，但是确实非常少，比较有限。前面各位老师经常提到的一个词就是"理性"，这种理性能够让他驾驭一个超级大的知识系统，驾驭一个在我们今天看来个人写作者很难再去谈论的事情。我觉得他实在是太理性，这超级浪漫的东西，就是理性。

朱启钤诗文著作系年辑目 [1]

《题元室陈夫人遗照》 朱启钤作

百年前，朱桂辛退居津门蠖园，校、刊《营造法式》，组建中国营造学社，于中国建筑学术之发轫，厥功至伟。桂公以耄年辞世，终身致力于国家之建设，实业与文化兼

顾，成就卓著，饮誉海内。先贤有教，知人论世且颂其诗书，二者不可偏废；功业、言辞及德行，不朽常寄乎三。以实践报国、以实惠济民者如桂公，虽未以辞藻托名，然其著作、文章亦可谓不朽矣。公在世时，已有整理《文存》之举；近岁获见《著作集》，篇秩可谓繁复。然检阅报刊，旁寻书简，亦颇获鳞爪。遂扫叶以成堆，并系年月，辑成下表，供学者参考。

其中，△表示文章／文集／函电已见于《蠖园文存》，※表示已在《中国营造学社汇刊》发表，•表示为《朱启钤著作集》收录。

1893年，光绪十九年，22岁	
《文苑：牡丹新颂（续二十期）》	约作于此年，《娱闲录：四川公报增刊》1915年第 21 期，第 68 页
《文苑：牡丹新颂（续廿一期）》	约作于此年，《娱闲录：四川公报增刊》1915年第 22 期，第 63-64 页
1897年，光绪二十三年，26岁	
《祭陈夫人文》•	约作于此年，收入《紫江朱氏家乘》（1935年刻本）
《题元室陈夫人遗照》•	
《蒙务局督办上东三省总督筹勘蒙地铁路说帖 附图》•	作于本年七月十日前，收入《东三省蒙务公牍汇编》
1898年，光绪二十四年，27岁	
《东三省督抚会奏考察蒙务办法及分别筹款情形折》•	作于本年七月前，收入《东三省蒙务公牍汇编》

《蒙务局督办上东三省督抚经营蒙务条陈 附驿站章程 转运公司章程 编制职掌简章 经费预算清单》●	作于本年十一月十四日前，收入《东三省蒙务公牍汇编》
《东三省总督筹设洮南驿站开辟达尔汉旗道路折》●	作于本年十二月廿五日前，收入《东三省蒙务公牍汇编》
1900年，光绪二十六年，29岁	
《傅太夫人行述》●	母亲傅太夫人于本年闰八月去世，该文约作于此时，后收入《紫江朱氏家乘》（1935年刻本）
1908年，光绪三十四年，37岁	
《朱启钤至于驷兴函》	信中主要是关于锦洮铁路修建筹资的讨论，约作于1908—1910年间。收于《近代史所藏清代名人稿本抄本 第3辑 第126册》
1909年，宣统元年，38岁	
《理藩部议奏东三省总督筹设驿站开通道路折》●	作于本年正月廿八日前，收入《东三省蒙务公牍汇编》
《东三省蒙务公牍汇编·叙言》《东三省蒙务公牍汇编·凡例》●	均作于本年正月，为《东三省蒙务公牍汇编》叙言、凡例
《东三省筹蒙大势图·序》△●	题于《东三省筹蒙大势图》左下，该图收入《东三省政略附图》
《东三省蒙务公牍汇编》●	线装铅印本，东北师范大学图书馆有藏
1910年，宣统二年，39岁	
《迁葬故明朱王孙遗骸碑》△●	作于当年四月令地方迁葬以后，收入《蠖园文存》
1912年，民国元年，41岁	
《交通总长朱启钤君津浦铁路黄河桥梁落成贺礼演说辞》	发表于《铁路协会杂志》1912年第1卷第3期，第131-133页
《朱启钤致上海正金银行分行电》	作于本年12月13日，收入《旧中国汉冶萍公司与日本关系史料选辑》

1913年，民国二年，42岁	
《朱启钤等发起组织中国经济学会有关文件》	作于本年3月，原载于《北洋政府陆军部档案》，收入《中华民国史档案资料汇编》（第三辑 文化）
《朱启钤复盛宣怀函》	作于本年7月31日，收入《盛宣怀档案资料 辛亥革命前后 第3卷》
1914年，民国三年，43岁	
《呈大总统拟更定各县重复县名请核定文》△●	作于本年1月23日，该文见于《内务公报》1914年第5期，第89-91页，收入《蠖园文存》后订名为《改定各省重复县名呈》
《内务总长朱启钤呈大总统请开放京畿名胜酌订章程缮单请示文并批》△●	作于本年5月25日，该呈文见于《政府公报》1914年第739期，第10-11页，收入《蠖园文存》后订名为《开放京畿名胜酌定章程呈》
《内务总长朱启钤、交通总长梁敦彦呈拟修改京师前三门城垣工程办法请鉴核文并批令》△●	作于本年6月23日，该呈文见于《内务公报》1914年第10期，第92-95页，收入《蠖园文存》后订名为《修改京师前三门城垣工程呈》
《朱启钤致叶仲鸾寿联》	作于本年，具体写作时间不详，载于《叶仲鸾先生寿言集 卷下》
《京都市政计画说略》	刊于《市政通告》（日刊）第1号，1914年7月20日，第2-3版
1915年，民国四年，44岁	
《市政公所筹设国货展览会京都出品协会通告》△●	作于本年7月31日，收入《蠖园文存》
《京师传染病院开院训词》△●	作于本年9月30日，收入《蠖园文存》
《朱启钤等致各省将军巡按使通电》	作于本年10月23日，收入《护国运动资料选编》
《朱启钤等电阎锡山等御极典礼已由内务部召集各机关大典筹备处》	作于本年11月13日，收入《阎锡山档案要电录存 第一册》

《朱启钤致端绪》	有八封留存，具体写作日期不详，或在洪宪前后。收于《近代史所藏清代名人稿本抄本第1辑 144》
1916年，民国五年，45岁	
《祝书元为成立典礼事务处呈及朱启钤批》	作于本年1月10日，原载于《北洋政府内务部档案》，收入《中华民国史档案资料汇编 第3辑 政治1》
1918年，民国七年，47岁	
《朱副议长辞职函》	作于本年11月，载于《参议院公报》1919年1期第5册，第161页
《袁公林墓工报告》	田文烈编于本年，由北洋政府财政部印刷，一册。朱启钤为袁林工程主要责任人之一，同该书关系密切，故列于此
《朱启钤向陈忠镜贺诗》	收入《蕉雨桐云馆遗诗》，可见于《清代家集丛刊》
1919年，民国八年，48岁	
《启钤氏之谈话纪要》	《申报》1919年1月3日，第6版
《朱启钤复各报电》	《民国日报》1919年1月5日，第2版
《朱启钤复商业公团联会函》	《申报》1919年3月11日，第10版
《朱启钤悼刘人熙函》	《申报》1919年3月11日，第3版
《朱桂莘再覆商团联会函》	《申报》1919年3月28日，第10版
《朱桂莘覆和平演说团函》	《申报》1919年3月30日，第6版
《石印〈营造法式〉序》△●	作于本年3月，为石印本《营造法式》之序，后收入《蠖园文存》
《莲花石公园记》△●	作于本年8月，该文刻于莲花石公园石碑上，后收入《蠖园文存》订名为《莲花石公园记刻石》。该文亦可见于林伯铸编著《北戴河海滨风景区志略》
《营造法式》	1919年刊印，8册，石印本

《南北议和中断前朱启钤与钱能训等来往密电选》 《南北议和复会后朱启钤与钱能训等往来密电选》	《民国档案》1986 年第 1 期，第 8-21 页；第 2 期，第 5-17 页
朱启钤参与南北议和相关资料汇编	汇集朱启钤所存南北议和期间往来函电、会议纪要、新闻报道等，收于《一九一九年南北议和资料》
《朱启钤总代表在南北和会宣布之财政政见》	收入《民国续财政史 第一册》
《公电：朱启钤致西安电》	《通问报：耶稣教家庭新闻》1919 年总第 846 期，第 14 页
1921 年，民国十年，50 岁	
《朱桂莘之游历谈 经济问题与太平洋会议》	《盛京时报》1921 年 8 月 14 日，第 2 版
《朱启钤关于中法借款之声辩》	《时报》1921 年 9 月 3 日，第 11 版
《重修贵州会馆记》△●	书于贵州会馆墙壁，后收入《蠖园文存》
1922 年，民国十一年，51 岁	
1922—1923 年《申报》"北京通信"	1922—1923 年《申报》中有多篇以"蠖公"为笔名谈论政事的文章
《朱启钤致傅梦琼信》	暂系本年，信中提及朱启钤陪于夫人回天津，以及将中兴公司存款折寄给朱姨母傅梦琼一事，据此推断应写于 1922—1927 年间。收于《近现代名人书札手迹鉴赏》
1923 年，民国十二年，52 岁	
《丝绣录》●	即《存素堂丝绣录》，《年谱》注明该书为 1923 年整理完成。该刊印于 1928 年，共一册，线装铅印
《女红传征略》●	年谱注明该书为 1923 年整理完成。该刊印于 1928 年，共一册，线装铅印

仿宋刊本《营造法式》●	年谱注明该书为1923年整理完成。该书刊印于1925年，即著名的“陶本”，文字校勘及图样重绘皆为朱启钤主持
1924年，民国十三年，53岁	
1924—1925年初步整理《漆书》●	
1925年，民国十四年，54岁	
《天津宣言》	梁启超、朱启钤、李士伟等:《东方杂志》1925年第22卷，第16-17页
《哲匠录》※●	本年开始撰写，后转付梁启雄，散见于《中国营造学社汇刊》
仿宋刊本《营造法式》●	刊印于本年，共八册，为线装刻本，即著名的“陶本”
《重刊营造法式后序》△●	作于本年，随“陶本”《营造法式》刊印，后收入《蠖园文存》
《中央公园记》△●	作于本年10月10日，该文刻于中山公园过厅左右两壁的方石上，后收入《蠖园文存》
《北戴河海滨公益会报告书》△●	作于本年9月，后收入《蠖园文存》
1926年，民国十五年，55岁	
《清故资政大夫河南按察使傅公传略》△●	该文为朱启钤为其外祖父傅寿彤写的传，载于《澹勤室诗·补遗》篇首，写作时间约为1926年或1927年，后收入《蠖园文存》订名为《外祖傅公传略》
《朱启钤致阚铎》	作于本年7月8日，现藏于中国文化遗产研究院
《澹勤室诗补遗跋》△●	作于本年7月，该文为《澹勤室诗·补遗》之跋，《澹勤室诗》1927年经朱启钤整理由陶湘重刊。此跋后收入《蠖园文存》
《张使君毓蕖铸像记》△●	作于本年10月，收入《蠖园文存》

1927年，民国十六年，56岁	
《髹饰录》之《弁言》△●	作于本年2月，朱启钤为《髹饰录》作《弁言》，后收入《蠖园文存》订名为《重刊〈髹饰录〉序》。《髹饰录》出版于1933年
《刘君〈本草目录〉序》△●	作于本年3月，《本草目录》即《本草新注》，该序后收入《蠖园文存》
《潘勤室诗》●	刊印于本年，共有《潘勤室诗》六卷加《补遗》一卷，经朱启钤整理由陶湘涉园重刊。朱启钤于1926年作《补遗》跋一篇，1936年又有《再补遗》刊行，朱启钤写有《再补遗跋》。另该书有1928年与《芋香馆诗》合刻版本说，暂未落实
《傅星北先生集传》△●	约作于此年，据刘宗汉先生回忆，朱启钤在撰写《外祖傅公传略》时，又委托瞿兑之搜集资料，为外祖父傅寿彤之父傅星北作传，完成时间约为1926年或1927年，该文收入《蠖园文存》
1928年，民国十七年，57岁	
《中兴煤矿宣布没收后之朱启钤呈蒋文》	《益世报（天津版）》1928年7月31日，第7版
《存素堂丝绣录弁言》△●	作于本年10月，随《存素堂丝绣录》刊行，后收入《蠖园文存》订名为《存素堂丝绣序》
《女红传征略》●	刊印于本年，共一册，线装铅印。朱启钤参与整理出版
《芋香馆诗》	刊印于本年，共一册，刻本。朱启钤整理出版
《芋香馆诗·跋》△●	作于本年9月，随《芋香馆诗》刊行，暂无法确定该跋在书中位置。该跋后收入《蠖园文存》
《杨剑潭先生传略》△●	该文具体写作时间不详，载于《芋香馆诗》卷首，后收入《蠖园文存》，应为《芋香馆诗·跋》同期作品

《继室于夫人墓志铭》△●	约作于此年，朱启钤1928年营葬于夫人于莲峰山。该文后收入《蠖园文存》
1929年，民国十八年，58岁	
《组织中国营造学社日记》	作于本年3月，现藏于中国文化遗产研究院
《中国营造学社缘起》△※●	作于本年3月24日，刊于翌年7月《中国营造学社汇刊》第一卷第一册，后收入《蠖园文存》
《丝绣录稿本》●	校印装册于本年5月12日，与《存素堂丝绣录》有所出入，该本现藏于复旦大学图书馆
《致中华教育文化基金董事会函》（附《继续研究中国营造学计划之大概》）※	分别作于本年6月3日、8月9日、11月10日，刊于翌年7月《中国营造学社汇刊》第一卷第一册《社事纪要》
《致中华教育文化基金会函》※	
《致中华教育文化基金会函》※	
1930年，民国十九年，59岁	
《中国营造学社开会演词》△※●	作于本年2月16日，刊于本年7月《中国营造学社汇刊》第一卷第一册，另《中国营造学社成立经过及其旨趣 朱启钤昨在该社茶会之报告》一文与该文章内容相似，可见于《大公报（天津）》1930年2月17日，第2版。该文后收入《蠖园文存》
《李明仲八百二十周忌之纪念》※	作于本年3月21日，刊于本年7月《中国营造学社汇刊》第一卷第一册
《朱启钤致梁思成》	书信，作于本年3月25日，现藏于中国文化遗产研究院
《李明仲画像之意匠》※	刊于本年7月《中国营造学社汇刊》第一卷第一册
《祭文》※	
《求宋李明仲逸书遗迹启事》※	
《本社名义之确定》※（内附朱启钤致文化基金会函）	刊于本年12月《中国营造学社汇刊》第一卷第二册《社事纪要》

《元大都宫苑图考》	刊于本年 12 月《中国营造学社汇刊》第一卷第二册
《营造辞汇》	暂系于本年，未刊，稿本现藏中国文化遗产研究院。1925 年"陶本"后序首次提到编纂《营造辞典》，后称《营造辞汇》
《题白君市政考》△●	作于本年 9 月，此文是朱启钤为 1931 年出版的《市政举要》所作之序，后收入《蠖园文存》
《朱启钤致张学良辞任北平市市长》	作于本年 10 月 4 日，收入《辽宁省档案馆珍藏张学良档案四 告张学良与中原大战 下》
《姨母瞿傅太夫人行述》△●	朱启钤为本年去世的姨母傅太夫人傅幼琼（瞿鸿禨之妻）所作，当年刊印，共一册，铅印线装。该文后收入《蠖园文存》
《清内府藏刻丝绣线书画录》●	刊印于本年，一册两卷，线装。朱启钤与阚铎整理
1931 年，民国二十年，60 岁	
《重刊〈园冶〉序》△●	作于本年 6 月，《园冶》由中国营造学社于 1933 年重刊，该文后收入《蠖园文存》
《工段营造录》之《覆校记》	约作于本年 8 月至 12 月间，附于 12 月刊行的《工段营造录》篇末
《古瓦研究会缘起及约言》※	暂系于本年，刊于本年 9 月《中国营造学社汇刊》第二卷第二册
《本社二十年度之变更组织及预算》※	刊于本年 11 月《中国营造学社汇刊》第二卷第三册《本社纪事》
《建议请拨英庚款利息设研究所及编制图集》（附朱启钤《本社致英庚款董事会函》一封）※	
《重刊京师译学馆校友录序》	作于本年 11 月，为《京师译学馆校友录》序言
《岐阳王裔入清以后世系记》●	作于 1931 年 12 月 15 日，收入《岐阳世家文物图像册》（见下）

《建筑——以北京城的演进为基础的历史概述》	发表于太平洋会议，题目为《从燕京之沿革观察中国建筑之进化》，后收入《中国文化论集》，改名为《建筑——以北京城的演进为基础的历史概述》
《江西挽运图·题记》	题记记载该图"民国二十年得之燕肆"，具体时间不确定。该图现存于国家图书馆
1932年，民国二十一年，61岁	
《〈哲匠录〉序》※	作于本年3月21日，刊于本年3月《中国营造学社汇刊》第三卷第一期
《请中华教育基金董事会继续补助本社经费函》※	作于本年3月15日，刊于本年6月《中国营造学社汇刊》第三卷第二期
《复中华教育文化基金董事会函》※	作于本年7月13日，刊于本年6月《中国营造学社汇刊》第三卷第二期
《呈请教育部立案》※	作于本年8月23日，刊于本年9月《中国营造学社汇刊》第三卷第三期
《北平朱启钤先生来函（十一月二十三日）》	作于本年11月23日，刊于《建筑月刊》1932年第1卷第2期，第65页
《缄中华教育文化基金董事会报告社务实况》（附《二十一年度上半期工作报告》）※	刊于本年12月《中国营造学社汇刊》第三卷第四期
《董康等对筹印四库全书意见》	朱启钤同署，载于《申报》1933年8月13日，第18版
《梓人遗制》之《弁言》△ ※ ●	作于本年，发表于本年12月《中国营造学社汇刊》三卷四期，1933年随《梓人遗制》刊行，后收入《蠖园文存》订名为《梓人遗制书后》
《岐阳世家文物图像册》●	由中国营造学社刊行于本年，内含《岐阳世家文物图像册》一册、《岐阳世家文物考述》一册，1937年再版

《岐阳世家图像考》△●	左栏文章皆收入《岐阳世家文物考述》。
《平番得胜图跋》△●	《岐阳世家文物考述导言》《岐阳世家图像考》
《平番得胜图考》	《明太祖御罗帕记》《吴国公墨敕考》《张三丰画
《吴国公墨敕考》△●	像跋》《题岐阳世家平番得胜图卷》（即《平番
《明太祖御罗帕记》△●	得胜图跋》）后收入《蠖园文存》；可知《岐阳
《张三丰像跋》△●	世家文物考述导言》虽原署为瞿兑之作，实际 可能为朱、瞿两人合著
1933年，民国二十二年，62岁	
《朱启钤致叶恭绰函》	作于本年6月7日，原载于《叶退庵友朋手札》 （上海图书馆藏），现收录于《历史文献·第10辑》
《朱启钤致叶恭绰函》	作于本年7月10日，原载于《叶退庵友朋手札》 （上海图书馆藏），现收录于《历史文献·第10辑》
《题姚承祖补云小筑卷》△※●	作于本年，具体日期不详，当作于1—6月间， 刊于本年9月《中国营造学社汇刊》第四卷第 二期，后收入《蠖园文存》
《梓人遗制》※●	由中国营造学社刊行于本年2月，一册，铅印本。 又刊于本年12月《中国营造学社汇刊》第三 卷第四期。《梓人遗制》由朱启钤校注
《〈开州志补辑〉缘起》△●	作于1933年，随《开州志补辑》刊行，后收入《蠖 园文存》
《园冶》●	由中国营造学社刊行于本年5月，铅印本
《朱启钤复叶景葵》	暂系本年，信中主要提及印刷《紫江朱氏家乘》 相关内容，据《朱启钤自撰年谱》及《家乘》 出版时间，推测该信函应作于1933—1938年间。 见《二十世纪北京大学著名学者手迹》
《匡几图序》△●	作于本年7月，随中国营造学社本年秋刊印《匡 几图》刊行，1934年4月又同《燕几图》《蝶几图》 合刊成《存素堂校写几谱三种》并发行。该序 后收入《蠖园文存》

《姑母朱孺人墓表》△●	朱启钤为本年去世的七姑母作，具体写作时间不详，该文收入《蠖园文存》
《样式雷考》	作于本年，刊于本年7月《中国营造学社汇刊》第四卷第一期《哲匠录》内
《丝绣笔记》	暂系于本年。朱启钤辑录，阚铎等校刊
《髹饰录》●	本年依涉园刊本重印刊行，朱启钤整理，其中有1927年朱启钤作之《弁言》
《营造法式》批注	约批注于本年，王世襄过录，见傅熹年合校本
《瀍怀外纪》●	暂系本年，收于《紫江朱氏家乘》
1934年，民国二十三年，63岁	
《存素堂入藏图书河渠之部目录·缘起》△※●	作于本年3月，刊于本年9月《中国营造学社汇刊》第五卷第一期，后收入《蠖园文存》订名为《存素堂入藏图书河渠之部目录叙》
《存素堂入藏图书河渠之部目录》※	作于本年3月，刊于本年9月《中国营造学社汇刊》第五卷第一期
《函请中华教育文化基金董事会继续补助本社经费》※	作于本年4月13日，刊于本年12月《中国营造学社汇刊》第五卷第二期
《函请管理中英庚款董事会补助本社经费》※	作于本年5月1日，刊于本年12月《中国营造学社汇刊》第五卷第二期
《朱启钤致叶恭绰函》（附《致中英庚款会各董事缄稿》《致中英庚款董事会修正案稿》）	作于本年5月2日，原载于《叶遐庵友朋手札》（上海图书馆藏），现收录于《历史文献·第10辑》
《存素堂校写几谱三种》●	由中国营造学社刊行于本年，共一册，铅印，朱启钤整理校勘。该书包括《燕几图》《蝶几图》《匡几图》，三书均在1933年秋由中国营造学社印行，1934年合刊
《燕几图蝶几图谱校刊记》△●	作于本年2月，载于本年4月刊行的《存素堂校写几谱三种》卷首，后收入《蠖园文存》

《开州志补辑》△●	刊印于本年，影印本，内有朱启钤作《〈开州志补辑〉缘起》一文
1935年，民国二十四年，64岁	
《函请中华教育文化基金董事会继续补助本社经费》※	作于本年2月14日，刊于本年6月《中国营造学社汇刊》第五卷第四期
《朱启钤致叶恭绰函》	作于本年7月10日，原载于《叶退庵友朋手札》（上海图书馆藏），现收录于《历史文献·第10辑》
《文渊阁藏书全景》●	该套书包括三部分：《四库全书简明目录》《清文渊阁实测图说》以及朱启钤拍摄的文渊阁内外景彩色照片十二张。该书由中国营造学社编印，两册附十二张照片共一函，1935年12月出版
《文渊阁藏书全景后记》△●	作于本年8月，载于《文渊阁藏书全景》之《四库全书简明目录》之后，随后发表于《图书馆学季刊》1936年第10卷第2期，第156-161页，并收入《蠖园文存》订名为《景印〈四库全书〉全景书后》
《清文渊阁实测图说·跋》●	作于本年10月，随《文渊阁藏书全景》出版，位于《清文渊阁实测图说》中
《朱启钤致凌惕安函》（三封）	作于1934—1935年间，具体写作日期不详，见于《河干问答》之《重刊〈河干问答〉序》内
《河干问答》《定齐河工书牍》《塞外纪程》	约出版于本年，贵阳凌惕安整理校注，朱启钤将三书刊于《黔南丛书别集》
《河干问答·识语》●	作于本年10月，该识语载于《河干问答》之《安平陈定斋先生事状》后
《朱启钤致叶恭绰两函》	作于本年12月20日，原载于《叶退庵友朋手札》（上海图书馆藏），现收录于《历史文献·第10辑》
《外舅于森圃先生行状》△●	该行状应作于本年，后收入《蠖园文存》，另刊于《贵州文献汇刊》1949年第5期，第99-103页

《朱启钤致徐世璋》	该信函附于朱启钤赠徐世璋《文渊阁藏书全景》内，具体写作日期及内容不详。该信现应随该套《文渊阁藏书全景》藏于天津市图书馆
《紫江朱氏家乘》●	由存素堂刊印于本年，包括《紫江朱氏家乘》《先世遗文》《听自然斋铁笔拓本》
1936年，民国二十五年，65岁	
《朱启钤致叶恭绰函》	作于本年1月14日，原载于《叶遐庵友朋手札》（上海图书馆藏），现收录于《历史文献·第10辑》
《请求中华教育文化基金董事会继续补助本社经费》※	作于本年2月3日，刊于本年9月《中国营造学社汇刊》第六卷第三期
《请求管理中英庚款董事会继续补助本社编制图集费及调查费》※	刊于本年9月《中国营造学社汇刊》第六卷第三期
《祝中国建筑展览会开幕》	《大公报（上海）》1936年4月12日，第4张。据《叶恭绰全集·上》记录，原文为叶恭绰代笔
《朱启钤致叶恭绰函》	作于本年6月2日，原载于《叶遐庵友朋手札》（上海图书馆藏），现收录于《历史文献·第10辑》
《朱启钤致叶恭绰函》	约作于本年6月20日，原载于《叶遐庵友朋手札》（上海图书馆藏），现收录于《历史文献·第10辑》
《朱启钤致叶恭绰两函》	作于本年7月10日，原载于《叶遐庵友朋手札》（上海图书馆藏），现收录于《历史文献·第10辑》
《朱启钤致叶恭绰函》（附《致中英庚款董事会函稿》《朱启钤致朱家骅函》）	作于本年7月22日，原载于《叶遐庵友朋手札》（上海图书馆藏），现收录于《历史文献·第10辑》
《朱启钤致叶恭绰函》	作于本年8月19日，原载于《叶遐庵友朋手札》（上海图书馆藏），现收录于《历史文献·第10辑》
《朱启钤致叶恭绰函》	作于本年9月3日，原载于《叶遐庵友朋手札》（上海图书馆藏），现收录于《历史文献·第10辑》

《朱启钤致叶恭绰函》	作于本年12月14日，原载于《叶遐庵友朋手札》（上海图书馆藏），现收录于《历史文献·第10辑》
《蠖园文存》●	刊印于本年冬，共两册一函，线装铅印
1937年，民国二十六年，66岁	
《致中华教育文化基金董事会函》※	作于本年2月24日，刊于本年9月《中国营造学社汇刊》第六卷第四期
《我国建筑史之展望》	连载于《时事新报（上海）》1937年3月24日，第3版；1937年3月31日 第3版；1937年4月14日第3版；4月21日第3版，原文不全
《朱启钤致梁思成、刘敦桢》	作于抗日战争全面爆发后，中国营造学社南迁前。引自《朱启钤画传》，因书中仅刊片段，故全貌不得而知
《朱启钤笔记》	约记于本年9月，引自筑安主编的《朱启钤画传》，因书中仅刊片段，故全貌不得而知，另书中说明该段记录为朱启钤笔记
1938年，民国二十七年，67岁	
《紫江朱氏家乘》	刊印于本年，共六册一函，包括《紫江朱氏家乘》两册、《先世遗文》一册、《听自然斋铁笔拓本》一册、《蠖园文存》两册
《紫江朱氏家乘序例》	作于本年6月，应为1935年《家乘》的补充
1939年，民国二十八年，68岁	
《中央公园廿五周年纪念刊·序》	作于本年10月，为纪念中央公园建立25周年作，发表于《中央公园廿五周年纪念刊》，1939年12月，第1-4页
《一息斋记》	作于本年，具体写作日期不详，主要介绍一息斋之来历，发表于《中央公园廿五周年纪念刊》，1939年12月，第133-134页
本年朱启钤日记	引自筑安主编的《朱启钤画传》，因书中仅刊片段，故全貌不得而知，书中说明该段为朱启钤日记

1941年，民国三十年，70岁	
《朱启钤第四次寄交南方文件抄件目录》	引自筑安主编的《朱启钤画传》，本年11月10日抄毕，因书中仅刊片段，故全貌不得而知
1942年，民国三十一年，71岁	
《刘贵阳遗稿》●	刊行于本年，为清人刘贵阳书稿，朱启钤、邢端共同整理校注，为《黔南丛书别集》之一
《刘贵阳遗稿·识语》●	作于本年3月，该《识语》载于《刘贵阳遗稿·黔乱纪实》之后
《永城纪略》《永牍》●	由存素堂刊行于本年，为明人马士英文稿，朱启钤、邢端整理校印，《黔南丛书别集》之一
《思适斋游山图题咏》	作于本年7月，应邢端邀，发表于《雅言》1943年第5/6期，第28页
《俞雪岑诗稿》●	整理于1942—1943年间，为清人俞雪岑作品合集，朱启钤、邢端等人整理。朱启钤原藏有《俞雪岑诗稿》，又补辑《雪岑残稿》《雪岑残稿补遗》《俞雪岑诗集残稿资料》，并合辑为《俞雪岑诗稿》，出版信息不详
《梅隐山房诗稿书后》●	应作于本年，具体写作时间不详，载于《俞雪岑诗稿》之《雪岑残稿》卷首，曾发表于《中和月刊》1943年第4卷第1期，第9-11页
《间书·序》	作于本年，具体写作时间不详，发表于《中和月刊》1943年第4卷第2期，第32-38页
1943年，民国三十二年，72岁	
《训真书屋遗稿》●	由存素堂刊印于本年夏，为清人黄国瑾诗文集，朱启钤、瞿兑之整理，为《黔南丛书别集》之一
《训真书屋遗稿叙》●	作于本年，发表于《同声月刊》1943年第3卷第4期，第89-90页，该文位于《训真书屋遗稿》开端

《朱启钤致叶景葵函》	疑作于本年 6 月 10 日，收入《旧墨记 世纪学人的墨迹与往事》
《于钟岳别传》● 《伯英遗稿》●	两书应刊行于本年，为朱启钤、邢端共同整理，为《黔南丛书别集》之一
《伯英遗稿·跋》●	作于本年 10 月。亦可知《伯英遗稿》出版不早于 10 月
《西笑山房诗钞》●	刊行于本年 12 月，为清人于钟岳诗集，朱启钤、邢端整理出版
1944 年，民国三十三年，73 岁	
《紫江朱氏海滨茔地建置始末》	作于 1944 年春，收于《中国家谱资料选编 5 诗文卷上》
《埋琴录》	暂系本年，《埋琴录》记有朱家坟穴合葬之法（详见朱启钤《紫江朱氏海滨茔地建置始末》），该书情况暂不详
1945 年，民国三十四年，74 岁	
《与陈垣函》	作于本年 6 月 30 日，收入《陈垣来往书信集》，附于《陈垣复朱启钤》信后
《贵州碑传集》	约整理辑录于本年，据《朱启钤收藏古籍文物二三事》，该书现藏于贵州省图书馆，疑未刊
1946 年，民国三十五年，75 岁	
《循陔园集》●	约刊行于本年，为明人丘禾实诗文集，由朱启钤、邢端整理
《循陔园集·题识》两篇●	作于本年 3 月，朱启钤在《循陔园集》卷首卷末分别写有《题识》一篇
《清华大学、营造学社合社建筑研究所契约》	作于本年 10 月 1 日，引自筑安主编的《朱启钤画传》，该契约现藏于清华大学
《朱启钤复梅贻琦函》	作于本年，具体写作时间不详，引自筑安主编的《朱启钤画传》

1947年，民国三十六年，76岁	
《朱启钤复梅贻琦两函》	作于本年4月26日，引自筑安主编的《朱启钤画传》，因书中仅刊片段，故全貌不得而知
1949年，78岁	
《紫江朱氏存素堂所藏黔南文献目录》●	1949年合众图书馆刻本
1952年，81岁	
《中国营造学社史略》	署名朱海北，发表于《古建园林技术》，1999年第4期，第10-14页。核其内容，应是来自朱启钤本人的底稿或口述，本年春夏间作
1953年，82岁	
《朱启钤等给毛主席的信》	作于本年10月21日，编入《二十世纪北京城市建设史料集 上》
1956年，85岁	
《古建所图书存目题识》	暂系本年，见于王世襄藏古籍文献（已拍卖），其中提及营造学社图书资料等。1956年1月文整会更名为古建所，故应是写于本年以后
《中兴煤矿公司创办记实》	暂系本年，约作于本年，收于《枣庄文史资料 第17辑》
1958年，87岁	
《朱启钤致单士元信》	作于本年6月14日，收入《营造论》
《王府井大街之今昔》	暂系本年，约作于本年，收于《文史资料 第12辑》
1959年，88岁	
《陶楼诗钞·识语》●	作于本年7月15日，1960年随《陶楼诗钞》刊行，该《识语》位于《陶楼诗钞·序》后
1960年，89岁	
《陶楼诗钞》●	刊行于本年1月，油印本，为清人黄彭年诗集，朱启钤、瞿兑之整理，后加入《黔南丛书别集》

1962年，91岁	
《关于南北和议事复叶遐庵》	刊于《文史资料选辑 第 26 辑》，该文具体写作日期不详，暂系于该年
1963年，92岁	
《和章士钊七律》	载于《大公报（香港）》1963 年 4 月 5 日，具体版面不详。三月初三往中山公园观花并访章士钊宅后得寄诗，遂和之
《致童寯函》	作于本年 12 月 15 日，收入《童寯文集 第四卷》
《朱启钤题何绍基墓志铭手稿跋》	作于 1963 年底或 1964 年初，具体日期不详，该文受章士钊之邀作，现存不详

另，下列文献或由朱启钤辑录，或由朱启钤命名，然纸本珍贵，多不示人，故无法确定，暂列于此，以待核准。

《牂牁集》	目前藏于贵州省图书馆
《镜山野史》	目前藏于中国社会科学院近代史研究所
《何梦庐先生菊志》	目前藏于国家图书馆
《黔南游宦诗文征》	目前藏于国家图书馆，共 152 册，其中某些书中有朱启钤题写跋等

发现独乐寺 [1]

《蓟县独乐寺观音阁山门考》首页

引言

梁思成发表于1932年6月《中国营造学社汇刊》（以下简称《社刊》）第3卷第2期的《蓟县独乐寺观音阁山门考》（以下简称《独乐寺考》），作为第一篇系统而全面

1 原文载于《建筑学报》2013年第5期。

介绍独乐寺历史与建筑艺术价值的论著，80 年来已成为研究中国建筑的学术典范。

这篇著作因其本身所具有的巨大学术魅力，在面世之初即获得了广泛的赞誉[2]，同时也奠定了梁思成在中国建筑学术史上的关键地位。80 年来，特别是近 30 年中国建筑界对自身历史的认识渐趋固定以来，梁思成的建筑学术思想被反复探讨，其中也包括对《独乐寺考》的关注。国内学界的论者往往强调他在这一时期的研究所体现的文献考证与实地调查的结合、与《营造法式》的密切关系、以及由此肇始的中国建筑史研究事业。而近 10 余年来，对梁思成建筑学术的研究更拓展到置于种种学术与思想背景中的解读，围绕其建筑史研究与写作已经有了相当深入语境的考察，他在学术史上的形象也愈加丰满。父亲梁启超、伴侣林徽因，他们在思想与学术方面的影响已常为梁思成研究者所论及[3]；宾大建筑教育背景及其对梁思成建筑观的重要

---

2 如伊藤清照 1932 年发表的书评即盛赞梁思成此文，而且特别提到梁思成第一次实地调查的研究成果就达到如此的学术水准，因而对他未来的建筑史研究寄予厚望。

3 李士桥:《梁思成与梁启超：编写现代中国建筑史》，载《现代（转下页）

作用[4]，也几乎成为学术界普遍接受的基本预设；同时，围绕其就职的中国营造学社的重要人物朱启钤、刘敦桢，相关的学术史研究也日趋蔚然[5]。这些都成为深入探讨梁思成学术世界的重要基石。

（接上页）思想中的建筑》，北京，中国水电水利出版社，2009 年，95-112 页。

赵辰：《"民族主义"与"古典主义"—— 梁思成建筑理论体系的矛盾性与悲剧性之分析》，见张复合：《中国近代建筑研究与保护（二）》，北京，清华大学出版社，2001 年，77-86 页。

李军：《古典主义、结构理性主义与诗性的逻辑 —— 林徽因、梁思成早期建筑设计与思想的再检讨》，见王贵祥：《中国建筑史论汇刊（第五辑）》，北京，中国建筑工业出版社，2012 年，383-427 页。

4 赖德霖：《构图与要素 —— 学院派来源与梁思成"文法 - 词汇"表述及中国现代建筑》，载《建筑师》，2009（6），74-83 页。

李华：《从布杂的知识结构看"新"而"中"的建筑实践》，见朱剑飞：《中国建筑 60 年（1949—2009）历史理论研究》，北京，中国建筑工业出版社，2009 年，33-45 页。

Nancy Steinhardt: *The Tang Architectural Icon and the Politics of Chinese Architectural History*，The Art Bulletin，2004，86（2），227-253.

5 林洙：《叩开鲁班的大门 —— 中国营造学社史略》，北京，中国建筑工业出版社，1995 年。

东南大学建筑学院：《刘敦桢先生诞辰 110 周年纪念暨中国建筑史学史研讨会论文集》，南京，东南大学出版社，2009 年。（转下页）

尤其需要指出的是，这一阶段梁思成所受海外学者的影响，时隔多年之后又再次为汉语的建筑学界所提及[6]。特别是被朱启钤称为"东邻之友"的日本学者，对这一阶段的中国建筑学术影响巨大[7]。就如梁思成在花甲之年追忆自己学术历程时所说：

"在我开始研究中国建筑史的时候，日本先辈学者如伊东、关野等先生的著作对我的帮助是巨大的。"[8]

（接上页）孔志伟：《冉冉流芳惊绝代 —— 朱启钤先生学术思想研究》，天津，天津大学，2007年。

朱启钤：《营造论 —— 暨朱启钤纪念文选》，天津，天津大学出版社，2009年。

6 李军：《古典主义、结构理性主义与诗性的逻辑 —— 林徽因、梁思成早期建筑设计与思想的再检讨》，见王贵祥：《中国建筑史论汇刊（第五辑）》，北京，中国建筑工业出版社，2012年，416-418页。

赖德霖：《鲍希曼对中国近代建筑影响试论》，载《建筑学报》，2011 (5)，94-99页。

7 徐苏斌：《日本对中国城市与建筑的研究》，北京，中国水利水电出版社，1999年。

8 梁思成：《唐招提寺金堂与中国唐代建筑》，原载于《鉴真纪念集》，1963年，后收入《梁思成文集·第4卷》，北京，中国建筑工业出版社，1986年，314页。

这种以学术标准客观看待学术问题的态度，比表述的内容本身更具有当下的学术示范和表率意义，同时也成为今天克服种种羁绊以认知先贤学案的宝贵提示。

80年前，梁思成在着手独乐寺研究时面临着巨大的挑战。挑战之巨大并不是缘于对浩瀚"宋式""清式"术语的解读：由于朱启钤多年潜心积累，他主持的中国营造学社此时正是亲炙此学风的近水楼台。挑战之巨大也不是缘于对建筑风格的判断和建造年代的识别：梁思成本人既已深谙唐式建筑的特征，而学界权威关野贞的建于辽代的判断也有言在先，甚至最为重要的文献记载都已为阚铎早早检出，因此"唐风辽建"可以说是水到渠成的论断。挑战之巨大当然也不是缘于田野考察的艰辛，事实上这一点从未成为梁思成这样真正的学人探索路上的障碍。

巨大的挑战来自西方建筑学方法的中国化。梁思成所做的工作，乃是将西方的建筑学理论，应用于中国建筑研究的工作，并探求其共时性层面的一般规律，这也正是中国建筑对人类知识体系的贡献。而历史研究的性质又决定了，关键性的历时性问题首先需要厘清，否则共时性的求解也将以缺乏真理性仅存思辨性的结局收场。20世纪后期李允鉌的名著《华夏意匠》颇受诟病，原因也在于此。毋庸讳言，李允鉌的研究在诸多所谓史实的层面存在问题，然而正如他本人所感慨的，这样从建筑设计角度探究中国建筑智慧的研究，本应是其师长一辈的梁思成、刘致平等先生来做，而不应由他捉刀[9]。缺少了建筑史家的参与，在求真上自然是差强人意。

这一中国化的历程极具挑战性。梁思成以斗栱和柱式作比，连同基本的结构分析和计算，正是开启了这一伟大征程的序幕。陈明达等对应县木塔、独乐寺等进行构图分析以及结构研究，正是沿此道路前行之继往开来者[10]。这一路程，也正是中国建筑的"现代化"之路。

而在处理本地化对象（中国建筑）的同时，使用本地化语言（汉语）作为写作和思考的工具，这就将梁思成和他的同仁们置于千百年来每一次面对"现代化"问题都会

---

9 李允鉌：《华夏意匠》，北京，中国建筑工业出版社，1985 年。

丁垚，张宇：《研究中国建筑的历史图标——20 年后看〈意匠〉》，《世界建筑》，2006（6），106-108 页。

10 陈明达：《独乐寺观音阁、山门的大木制度（上）》，见张复合：《建筑史论文集（15）》，北京，清华大学出版社，2002 年。

陈明达：《应县木塔》，北京，文物出版社，2001 年，20-24 页（寺塔之研究的释迦塔修建历史部分）。

面临的境地与挑战之前。

尽管吉凶未卜，但有一点可以肯定，在 1932 年初春的这一天，即将年满 31 岁的梁思成，已经做好准备去直面挑战，他从北平出发，经过大半天的旅途颠簸，已经来到燕山脚下的蓟县城内，站在充溢着唐风的梦幻般的观音阁面前了[11]。

一、唐代之风

初访独乐寺时，梁思成对"唐式"建筑的理解主要来自法国汉学家伯希和发表的敦煌壁画[12]。独乐寺考察一个月前，1932 年 3 月，《我们所知道的唐代佛寺与宫殿》刚刚面世[13]，这是梁思成在《社刊》上发表的第一篇文章。关于唐代建筑的研究，他写道：

"既然没有实例可查，我们研究的资料不得不退一步

---

11 林洙：《梁思成林徽因与我》，北京，清华大学出版社，2004 年，57 页。

12 Paul Pelliot: *Les Grottes de Touen-houang*, Paris, librairie Paul Geuthner, 1920, PL.XXI.

13 梁思成：《我们所知道的唐代佛寺与宫殿》，载《中国营造学社汇刊》，1932，3（1），75-114 页。

到文献方面。除去史籍的记载外，幸而有敦煌壁画，因地方的偏僻和气候的干燥，得经千余年岁，还在人间保存……伯希和曾制摄为《敦煌石窟图录》(*Les Grottes de Touen-houang*)，其中各壁画上所绘建筑，准确而且详细，我们最重要的资料就在此。"[14]

伯希和出版的敦煌壁画照片，是他带领的西域探险队贡献给学界的最重要成果之一。照片全部出自专业摄影师夏尔·努埃特（Charles Nouette）之手。1908 年 2 月，他们到达敦煌时，尚是严冬时节，5 月 27 日，也就是伯希和生日的前一天，他们离开莫高窟，已是初夏。努埃特根据伯希和

---

[14] 近 20 年后，当梁思成应敦煌艺术研究所所长常书鸿之邀，作为建筑学专家为在北京举办的"敦煌文物展览"撰写论文，将此篇《我们所知道的唐代佛寺与宫殿》扩充改写为《敦煌壁画中所见的中国古代建筑》之时，仍认为，在发现佛光寺唐代佛殿之前，"对于唐代及以前木构建筑在形象方面的认识，除去日本现存几处推古时代（593—644年）、天平时代（701—784年）、平安时代（784—897年）模仿隋唐式的建筑外，唯一的资料就是敦煌壁画"。在发现、研究佛光寺时，敦煌壁画也是比较对照的主要资料。而且，在发现佛光寺后，"因为它只是一座屹立在后世改变了的建筑环境中孤独的佛殿……要了解唐代建筑形象的全貌，则还得依赖敦煌壁画所供给的丰富资料"。

对洞窟特点和价值的初步判断 [15]，穿梭在千佛洞时断时续的栈道间、狭窄昏暗的洞穴内，面对数不清的佛教艺术珍品，拍摄下了几百幅玻璃干板的照片，成为 20 余年后梁思成描绘其心目中的"唐式"建筑的蓝本。其中伯希和编号的第八窟北壁东起第一幅壁画，其上部位于众佛菩萨像上方的画面，建筑形象密集，被梁思成截取刊载在《我们所知道的唐代佛寺与宫殿》中 [16]，不仅用来图解其归纳的 12 类建筑之一的"二层楼"，而且中央建筑檐下层叠的栱昂，又在"各部详细研究"中，被当成是最复杂的唐式斗栱的典型 [16]。

而恰恰是这幅壁画的这张图版，时隔数月，在下一期《社刊》的《独乐寺考》中又被征引一次 [17]。而这一次的身份，则是作为全部敦煌壁画所见唐式建筑之唯一代表。梁思成

---

15 伯希和逐一考察洞窟，除了抄录能看清的所有榜题外，还详细描述了洞窟的特点和价值，包括提醒摄影师拍照时需要注意之处。但这部笔记在此次考察多年后才陆续出版，1993 年始有汉译本《伯希和敦煌石窟笔记》。见伯希和：《伯希和敦煌石窟笔记》，耿昇，译，兰州，甘肃人民出版社，2007 年。

16 梁思成：《我们所知道的唐代佛寺与宫殿》，载《中国营造学社汇刊》，1932，3（1），107 页。

17 梁思成：《蓟县独乐寺观音阁山门考》，载《中国营造学社汇刊》，1932，3（2）。

在《独乐寺考》的一开篇《总论》即写道：

"观音阁及山门最大之特征，而在形制上最重要之点，则为其与敦煌壁画中所见唐代建筑之相似也。壁画所见殿阁，或单层或重层，檐出如翼，斗栱雄大。而阁及门所呈现象，与清式建筑固迥然不同，与宋式亦大异，而与唐式则极相似。熟悉敦煌壁画中净土图（第二十三图）者，若骤见此阁，必疑身之已入西方极乐世界矣。"[17]

这段熠熠生辉的文字，在内容与写作上，皆极具特色，深入剖析，有待专论，已非本文所及。然而，毋庸置疑的是，任何一个对中国建筑心怀敬意的观者，带着这幅壁画所展现的庄严殿阁的印象，置身于独乐寺观音阁前时，一定会与梁思成1932年春季这一强烈的感受，产生超越时空的共鸣。

这正是梁思成的研究最为闪亮之处。这种整合建筑与美术素养而得的艺术敏感，贯穿于他学术生涯的始终。单在《独乐寺考》一文中的例子便俯拾皆是。其中，不仅有对建筑整体造型的把握与勾画：

"阁外观上最大特征，则与唐敦煌壁画中所见之建筑极相类似也（第二十三图）。伟大之斗栱，深远之出檐，及屋顶和缓之斜度，稳固庄严，含有无限力量，颇足以表示当时方兴未艾之朝气。"[17]

以及：

"（山门）全部权衡，与明清建筑物大异，所呈现象至为庄严稳固。"[17]

也有对建筑细部的敏锐观察：

"梁横断面之比例既如上述，其美观亦有宜注意之点，即梁之上下边微有卷杀，使梁之腹部，微微凸出。此制于梁之力量，固无大影响，然足以去其机械的直线，而代以圆和之曲线，皆当时大匠苦心构思之结果，吾侪不宜忽略视之。"[17]

特别是以此种敏感对建筑现状的观察，竟能去掉后世干扰因素，直指初时形态，宛如一种透视的效果，则最令人赞叹。如评价观音阁外观的比例：

"以全部权衡计，台基颇嫌扁矮，若倍其高，于外观必大有裨益。然台基今之高度，是否原高度，尚属可疑，惜未得发掘，以验其有无埋没部分也。"[17]

而由近年文物管理部门的日常保护工程得知，现今院落地坪之下约2米甚或更多，才是唐辽时期的地坪[18]，即彼时的观音阁确建于高耸的台基之上，与梁思成当年的预言

---

18 承蓟县文物保管所蔡习军先生见告。

一般无二。

又如，提到观音像上方藻井橡格之尺度：

"当心间像顶之上，作'斗八藻井'，其'橡'尤小，交作三角小格，与他部颇不调谐。是否原形尚待考。"[17]

而最近的研究发现，很可能这部分构造恰是辽代重建时添加，是与全阁所保有之唐式的不同之处，而且在构成的尺度上也和他部天花迥异[19]。

正缘于此，尽管当时梁思成引为论据的一些观点和表述后来已大大深入和更新，但他力透纸背的种种卓见却仍闪耀着当年洞烛先机时的光芒。比如上面提到的第八窟壁画，这幅被梁思成称为"净土图"的画面，实际是被后来的研究者考定为敦煌地区所特有的《思益梵天所问经》经变[20]；而且，关于这些壁画的年代，在伯希和发表

---

19 此为笔者主持的国家自然科学基金资助项目"辽代建筑系列研究""辽代建筑系列研究（续）"的阶段性认识成果，详细论述另需专文。Zhang Sirui, Ding Yao: *Prototype of Buddhist Ceiling under the Liao*, East Asian Architecture Culture International Conference 2011, Singapore, National University of Singapore, Department of Architecture, 2011, 60.

20 其实这幅经变确实从整体构图到细节刻画，都与敦煌唐代（转下页）

壁画图录之初，对敦煌石窟深入系统的分期断代工作尚未开展，故而梁思成用于研究建筑时只是概括地将这些壁画归为唐代的作品，但事实上，不少梁思成用来诠释唐代建筑的壁画后来被认定属于五代、宋时期，第八窟就很可能是建于曹氏归义军前期（相当于五代）即 10 世纪前半叶，所以包括梁思成本人在后来的研究中也针对这样的问题及时进行了调整。尽管如此，不仅梁思成当初在此基础上所做的对唐代建筑特点的概括，连同进而对独乐寺建筑浓郁唐代之风的判断，都经受住了后来发现的佛光寺等唐代建筑实例的验证。而且，更为重要的是 —— 正如陈明达在《独乐寺考》发表 50 余年后所说 —— "其敏锐的观察"[21]，这种饱含艺术理解的"极有启发性的指示"，直

（接上页）盛行的净土变非常接近，应该在创作时深受影响，从这个角度看，称其为净土变也是一种可以接受而且能够进而引出新问题的判断。见贺世哲：《敦煌石窟全集（11）—— 楞伽经画卷》，香港，香港商务印书馆，2003 年，154-159 页。沙武田：《伯希和敦煌图录·第1 卷》图版说明，图 21。http://dsr.nii.ac.jp/reference/pelliot/entry/1-021.html.zh，2013 年 1 月 16 日访问。

21 陈明达：《独乐寺观音阁、山门的大木制度（上）》，见张复合：《建筑史论文集（15）》，北京，清华大学出版社，2002 年，72 页。

到今天仍然启迪着深入研究的拓展，也是最值得后继学人所宝贵之处。

二、契丹再建

虽然最早将独乐寺介绍给世人的两位学者——梁思成和关野贞，都认定独乐寺是辽代建筑，但即使仅就这一判断而言，若仔细品味，也会发现两人研究的着眼点其实颇为不同，十分耐人寻味。

关野贞发现独乐寺纯属巧遇。1931 年 5 月 29 日，他去调查清东陵驱车途经蓟县城，无意中透过车窗看到路边一座古建筑，虽然有一道砖墙相隔，但仍遮挡不住上面巨大的四坡屋顶。关野贞"一瞥之下"就认定这是座非常古老的建筑物，"遂停车，从旁小门进入"。观览一过，发现这座山门与后面的高阁竟然都是辽物，而且数尊塑像也与建筑同时[22]。13 年后，已是名古屋高等工业学校教授、致力

---

22 梁思成：《唐招提寺金堂与中国唐代建筑》，原载于《鉴真纪念集》，
   1963 年，后收入《梁思成文集·第 4 卷》，北京，中国建筑工业出版
   社，1986 年，290-314 页。
   関野貞：《薊県獨樂寺——中国现存最古の木造建築と最大の塑像》，
   见《中国の建築と芸術》，東京，岩波書店，1938 年，253 頁。

研究辽代建筑及《营造法式》有年的竹岛卓一，回忆起这次意外的发现时，对其先师如此敏锐的判断与卓见，敬佩之情还是溢于言表[23]。当年他从东京大学建筑学科毕业刚3年，第一次来到华北，作为关野的助手参与了独乐寺的测绘，正是这次发现的亲历者。

关野贞之所以能如此迅速地作出判断，缘其对东亚建筑研究的深厚积累。造访独乐寺时，他64岁，此前已5次来华，游历大江南北，经眼了众多的石刻碑碣、寺庙塔窟、旧宫古冢，发表了很多介绍中土古迹的文章著作。这些著述连同他对日本和朝鲜半岛古迹的研究一起，成为海内外学界了解东亚古代文化的窗口[24]。当关野贞置身独乐寺、面对观音阁之时，他立刻想起的，便是山西北部的那批辽代建筑。

正如他翌年8月发表的介绍这次偶然发现的文章所说[25]，独乐寺建筑（其实集中于观音阁）许多关键的特征都

---

23 竹岛卓一：《遼金時代の建築と其仏像》，東京，龙文書局，1944年，自序。

24 藤井恵介，早乙女雅博，角田真弓，等：《関野貞アジア踏査》，東京，東京大学総合研究博物館：東京大学出版会，2005年。

25 对关野贞这篇文章的解读，得到了天津大学博士生贺美芳、袁守愚以及宾夕法尼亚大学博士生任思捷的指教。

与大同华严寺、善化寺诸建筑以及应县木塔极为相似。而且，从独乐寺返回北平后，为了深入研究，关野贞又特地再次前往大同，重访他1918年曾经调查过的这几座殿宇。正是这次大同之行，他发现了华严寺薄伽教藏殿梁下重熙七年（1038年）的题记，获得了又一座辽代建筑的断代力证，并直接用于与独乐寺的对比研究之中。只是去应县的计划受阻于洪水，含憾而归。

根据他本人对大同诸建筑特别是华严寺薄伽教藏殿及其壁藏的研究，及1902年他的学长伊东忠太对应县木塔的调查[26]，关野贞将这些实例与独乐寺展开了详细的比较。首先，观音阁与他所谓"辽代建筑中所知年代最正确者"薄

---

26 伊东忠太在1902年的考察中发现应县木塔，日本的《建筑杂志》
（223-307期，1906年5月至1911年7月）登载了他的旅行路线，并辟专栏刊登他的报告，见梁思成：《唐招提寺金堂与中国唐代建筑》，原载于《鉴真纪念集》，1963年，后收入《梁思成文集·第4卷》，北京，中国建筑工业出版社，1986年，290-314页。

后其考察笔记编入《伊東忠太見聞野帖·清国 I》，见伊東忠太：《伊東忠太見聞野帖·清国 I》，東京，柏書房株式会社，1990年，154-159頁。1942年由东方文化学院出版的《中国建筑装饰》一书中，伊东忠太对木塔进行了简要描述，见伊東忠太：《中国建築装飾》，《伊東忠太著作集（第七卷）》，東京，原書房，1987年。

伽教藏（及其殿内的壁藏）相比：

1）扶壁栱素方上都浅刻栱形；

2）观音阁的上檐斗栱与壁藏类似；

3）观音阁上层的补间铺作与薄伽教藏完全相同；

4）观音阁上层的勾阑与壁藏勾阑相似。

彼此一致之处颇多，说明两者年代极为接近。而从两者的某些差别，如天花的形制以及普拍方的有无，则可看出观音阁更加古老。在继续与应县木塔的比较中，关野贞首先探讨了木塔的建造年代，指出虽然不像薄伽教藏题于建筑构架上有确切的凭据，但数见于文献记载的清宁二年（1056年）的时间经初步考证也比较可信[27]。接下来则与薄伽教藏的比较类似，同样得到了观音阁与木塔风格接近，但更为古老的结论。

---

27 当时还没有发现"释迦塔"牌上的题年。关于木塔建造年代的探讨，见陈明达：《应县木塔》，北京，文物出版社，2001年，20-24页（寺塔之研究的释迦塔修建历史部分）。

祁英涛，李世温，张畅耕：《山西应县佛宫寺释迦塔牌题记的探讨》，载《文物》，1979（4），26-30页。

张畅耕，宁立新，支配勇：《契丹仁懿皇后与应州宝宫寺释迦塔》，见张畅耕：《辽金史论集（六）》，北京，社会科学文献出版社，2001年，99-144页。

总之，关野贞集中分析的是独乐寺建筑与其他辽代建筑的相同与不同，以相同确认其确属辽时代，而以不同探讨辽代风格之嬗变。想必这些思路在他惊喜地走进独乐寺、观音阁巨大的四跳斗栱的震撼形象扑面而来时，就在脑海里酝酿成熟了。

　　不同于关野贞的巧遇，梁思成是有备而来。他入营造学社开始工作前3个月[28]，关野贞刚从独乐寺返回北平，到宝珠子胡同造访学社，并向社长朱启钤、文献部主任阚铎等人讲述了发现独乐寺始末[29]。不久，就得到了阚铎帮助抄录的关于辽统和二年（984年）再建观音阁的文献记载，刚好印证了关野贞的判断。以关野贞的学识与影响，加之独乐寺年代之古老 —— 是除敦煌几座檐廊外当时所知中国最古老的木造建筑 —— 中国学者对这一发现应是十分

28 梁思成于1931年9月1日开始在营造学社工作，任法式部主任。见《中国营造学社汇刊·本社纪事》，1932，3（1），183页。

29 梁思成：《唐招提寺金堂与中国唐代建筑》，原载于《鉴真纪念集》，1963年，后收入《梁思成文集·第4卷》，北京，中国建筑工业出版社，1986年，290-314页。
　　関野貞：《薊県獨樂寺 —— 中国現存最古の木造建築と最大の塑像》，见《中国の建築と芸術》，東京，岩波書店，1938年，262頁。

重视。熟悉日本建筑学界动态、当时尚在南京中央大学任教的刘敦桢，在这一年翻译并补注日本考古学者滨田耕作《法隆寺与汉六朝建筑式样之关系》时，就提到了关野贞刚刚对独乐寺的考察：

"（鸱尾）……此制宋后失传，最近关野氏发现辽初建造之蓟州独乐寺中门，具有鸱尾，恐为国内唯一遗物……"[30]

而梁思成除了在《独乐寺考》文末大力推介关野贞《日本古建筑物之保护》一文"实研究中国建筑保护问题之绝好参考资料"，并由妹夫吴鲁强翻译刊布于该刊之外，也在《独乐寺考》中提到，早已听闻独乐寺观音阁的存在（"适又传闻阁之存在"）[17]。只是因为时局变故，才让梁思成本应在1931年秋成行的独乐寺调查推迟到了翌年春季（"行装甫竣，津变爆发，遂作罢"）[17]。而在此之前，他则因好友杨廷宝的介绍，在北平提前见到了独乐寺的照片（"且偶得见其照片"）[31]。

30 滨田耕作：《法隆寺与汉六朝建筑式样之关系》，刘敦桢，译，载《中国营造学社汇刊》，1932，3（1），30页，译者补注（十一）。

31 梁思成：《蓟县独乐寺观音阁山门考》，载《中国营造学社（转下页）

因此当梁思成一行来到蓟县这个"净美可人的山麓小城"[32]时，对独乐寺已不算陌生。

独乐寺给梁思成压倒性的感受，如上文所说，是与他想象中的唐式建筑的"极相类似"。而关于其辽式特征的探讨，似乎只是咏叹唐代之风而后的绕梁余音。全文提及辽式或类似之表述，凡16次，反不及隋唐及唐之25次之多，比之宋式40次更远有不逮。然而，文中对辽式特征的归纳，特别是对某些构造或结构特点的把握却极为精准，如梁枋断面之比例、墙下裙肩之高度等，显然是梁思成在这一层面对宋、清二式已有相当积累从而获得了合理认识模式的缘故。在这些辽式特征之中，关于扶壁栱一节，刚好也为关野贞所重视（见前文），恰是两者研究思路差别的具体而微的表现，比照起来饶有趣味。兹引如下：

（转下页）汇刊》，1932，3（2），9页。

　　费慰梅：《梁思成与林徽因》，曲莹璞，关超，等，译，北京，中国文联出版公司，1998年，66-67页。学社汇刊》，1932，3（2），9页。

32 梁思成：《宝坻县广济寺三大士殿》，载《中国营造学社汇刊》，1932，3（4），3页。

"……实柱头枋（清式称正心枋）上而雕作斗栱形者也。就愚所知，敦煌壁画，嵩山少林寺初祖庵（注十二），营造法式及明清遗构，此式尚未之见，而与独乐寺约略同时之大同上下华严寺，应县佛宫寺木塔皆同此结构，殆辽之特征欤？"[17]

这段不长的论述，和关野只是比较辽物（薄伽教藏）的做法非常不同，梁思成从独乐寺的扶壁栱枋上浅刻的栱形出发，比照唐（敦煌壁画）、宋（初祖庵和《营造法式》）、明、清，最后才到同是辽代遗物的华严寺、木塔，最终发出辽式特征之问——如此遍及历代之论述，哪里只是在勾画辽式特征，分明在找寻一部"中国建筑史"。

三、《营造法式》

《营造法式》和"宋式"显然是两回事，但在 1932 年春季梁思成来到独乐寺时，他脑海里的"宋式"，又几乎全自《营造法式》脱胎而来。

关于《营造法式》与中国营造学社尤其是社长朱启钤本人的密切关系，久为学界熟知。尽管早在朱启钤重新发现《营造法式》10 余年前的 1905 年，伊东忠太就已经在内藤湖南的帮助下，于沈阳故宫从文溯阁《四库全书》中

抄录过此书 [33]。但真正让《营造法式》名闻天下、特别是能让关注中国建筑的人士广为阅读利用，还要到 1919 年，朱启钤发现抄本并倡印以后。朱启钤与《营造法式》的机缘，与其多年来对建筑问题的关注密切相关，至晚可上溯至光绪末叶其参与和主持北京城改造建设时期 [34]。这一点不仅他自己毫不讳言，其知交好友也在不同场合提及。但朱启钤在袁氏当国期间参与和主持国家典礼设计与建设一段，尽管与北京宫室坛庙建筑关系极大，而且对其超越营造实务、从国家象征的层面理解建筑问题当有过极大促进，只是由于众所周知的原因，自洪宪以来众人对这方面往往讳莫如深，不肯多置一词。但今日若能秉承朱启钤晚年仍恪守之"不以成败论英雄"的准则 [35]，试为骊珠之探，这段公案当

---

33 內藤湖南：《营造法式の新印本》，原载于《中国学》，第一卷第十号（1921 年 6 月），后收录于《內藤湖南全集·第七卷》，東京，筑摩書房，1970 年，115-118 頁。

34 孔志伟：《冉冉流芳惊绝代 —— 朱启钤先生学术思想研究》，天津，天津大学，2007 年。

35 甚至朱启钤的至交好友跟他谈起袁世凯，也仍要先声明"不以成败论英雄"，方可谈论。刘宗汉：《回忆朱桂辛先生》，见《蠖公纪事 —— 朱启钤先生生平记实》，北京，中国文史出版社，1991 年，68 页。

颇有待发之覆，然非本文所能详论。

正是有此前因，故其南过江宁偶见《营造法式》抄本（即丁本）一事，虽为巧合，但实大有机缘。称其为朱启钤前半生积累促成、而为后半生心思所系之人生枢纽也不为过。故其一再倡印、倡刊[36]，以至组织团体研究[37]，扩大社会影响[38]，非从此种个体心理角度分析而不能完整理解，即《营造法式》一书已成为人生之寄托物，而与其经历颇有相似之处的作者李明仲更成为900年前之知音。此处证据颇多而详论仍需专文，下面仅举一例聊作证明。

---

36 1919年发现丁本后，即组织印行2次。印行后又委托陶湘重刊。见成丽：《中国营造学社对宋〈营造法式〉的研究》，载《建筑学报》，2013（2），10-14页。

37 "民国十四年乙丑创立营造学会，与阚霍初、翟兑之搜集营造散佚书史，始辑《哲匠录》。"后在中华教育文化基金会董事会的资助下，朱启钤将"营造学会"更名为"中国营造学社"。朱启钤：《朱启钤自撰年谱》，见《蠖公纪事——朱启钤先生生平记实》，北京，中国文史出版社，1991年，6页。

38 陶本印成后即广赠友人，并在1930年12月《中国营造学社汇刊》第1卷第2册刊登王国维题识《王观堂先生涉及〈营造法式〉之遗札》，1931年4月第2卷第3册刊登梁启超题识《梁任公先生题识〈营造法式〉之墨迹》，且营造学社职员及社员囊括了各界名流。

《社刊》3卷1期，实系朱启钤周甲之颂寿文集，共刊专论及译著6篇，除即将来平入社就职的刘敦桢有译著两篇外，其余作者均为学社在平的骨干：晚辈如梁林夫妇各献1篇，即《我们所知道的唐代佛寺与宫殿》及《论中国建筑之几个特征》，同辈但年少者如梁任公胞弟启雄、朱启钤表弟瞿兑之（二人均为文献部编纂）亦各献1篇。

正如刊内篇首于篆书"社长朱桂辛先生周甲纪念"及朱启钤造像之前页、署名"后学梁思成谨识"的一篇献词所云：

"同人日侍砚席，沃闻讲论久矣。壬申初春，社刊更始，各献研究所获，为先生寿。"[39]

该文前面还提到：

"先生……今年适为周甲之期，前溪先生赠诗纪公出处，最为时下传送，盖公晚年退居，致力于营造学社，孜孜不倦，故有'老作李明仲'之句。"

"前溪先生赠诗"即后页朱启钤像下方的吴鼎昌《赠蠖公六十生日诗》，本是这位大公报社长1931年冬为朱启钤60虚岁祝寿所做，这次又特意抄写载于《社刊》。其中

---

39 《中国营造学社汇刊》，1932，3（1）。

为梁思成识文所提到一句的则是："飞腾早入明光宫，如何老作李明仲。"借友人赠诗、晚生献词，屡屡强调与李明仲之比照，于此显著位置载于《社刊》，夫子自道之意，已昭然若揭[40]。

由此，或许才能理解朱启钤在梁思成独乐寺调查归来即关切地询问"角柱生起"的问题[41]，甚至直到晚年90高龄仍十分关心梁思成广西真武阁的实地调查[42]。

另一方面，尽管在学习《营造法式》初期，梁思成从学社的平台以及朱启钤本人身上得到巨大的帮助，甚至具体到解读文辞的细节，但像《独乐寺考》这样的研究则已远远超出了解读《营造法式》的范围，更非朱启钤这一代

---

40 尽管后来梁思成回忆此事时提到颂词系他人代笔，但恰能说明此为朱启钤本人认可的周围亲朋之共识。

41 刘敦桢及陈明达二人均提及此事。陈明达：《独乐寺观音阁、山门的大木制度（上）》，见张复合：《建筑史论文集（15）》，北京，清华大学出版社，2002年，73页。
刘敦桢：《中国木结构建筑造型略述》，见《刘敦桢全集（六）》，北京，中国建筑工业出版社，2007年，227页。

42 罗哲文：《忆朱启钤社长二三事（1999）》，见《营造论——暨朱启钤纪念文选》，天津，天津大学出版社，2009年，194页。

学人所能驾驭了。而这一学术的超越也恰恰是朱启钤延请梁、刘入社的目的所在[43]。

四、清式营造

出发去独乐寺前一个月，1932 年 3 月，梁思成编著的《清式营造则例》刚刚脱稿[44]。再前一个月，他将各作《营造算例》重新编订一过[45]。可以说，入社工作 7 个多月的梁思成来独乐寺时，对清式建筑已经十分熟悉。究其原因，还是朱启钤的影响最大。

多年来，除了醉心于研究《营造法式》，朱启钤还很注意蒐集与雍正朝工部《工程做法则例》有关的各种匠家抄本，并于《社刊》陆续刊载[46]。著名的"样式雷"图档，

---

43 "民国二十年辛未得梁思成、刘士能两教授加入学社研究，从事论著，吾道始行。"见朱启钤：《朱启钤自撰年谱》，见《蠖公纪事——朱启钤先生生平记实》，北京，中国文史出版社，1991 年，7 页。

44 梁思成：《清式营造则例》，北京，中国建筑工业出版社，1981 年，2 页。

45 梁思成编订《营造算例》，附于《清式营造则例》后，时间见《初版序》的落款。见梁思成：《清式营造则例》，北京，中国建筑工业出版社，1981 年，131 页。

46 《中国营造学社汇刊》二卷一册、二册、三册分载《营造算例》。

也深受其关注[47]。同时，自光绪末叶以来，朱启钤即与北京城市及宫苑坛庙的改造和建设工程关系密切，自然与从事建造事务实践的人员接触频繁。以上这些，加上营造学社地处旧都，颇具比邻宫殿坛庙的地利之便，都成为梁思成入社工作以后研究清式建筑的上佳条件。关于这方面，梁思成在《清式营造则例》的《序》中写道：

"我在这里要向中国营造学社社长朱桂辛先生表示我诚恳的谢意，若没有先生给我研究的机会和便利，并将他多年收集的许多材料供我采用，这书的完成即使幸能实现，恐怕也要推延到许多年月以后。再次，我得感谢两位老法的匠师……"[41]

而其中向"老法的匠师"学习一节，除了他在这篇《序》里提到的曾得到大木作、彩画作的两位匠师的指教外，还有一段十分生动的材料，颇能描述梁思成这段研学经历的图景。这则材料与另一位清末即就职于木厂的大木匠师路鉴堂有关，他少时子承父业，壮年曾参与清代最后的帝陵——光绪皇帝崇陵的修建，在后来燕京大学、辅仁大学

---

47 朱启钤：《哲匠录（续）》，梁启雄，校，载《中国营造学社汇刊》，1933，4（1），84-89 页。

以及北平图书馆的建设中，都担任木科头目的职位，还参与了斯文·赫定策划的复制仿建承德古建筑的工程[48]。20世纪30年代梁思成、林徽因在北平期间经常登门向他求教，关于这段历史，路鉴堂的后人在70余年后回忆道：

"梁思成上我们家去那时候比较早了。他上我们家去礼拜（即星期天，括号内为整理者注，下同）必须去，平常有时候还去……当时他们都是学生呢还……上我大爷（路鉴堂）那去，学的这些东西（古建筑）……那时我还不懂呢。我就知道人来串门了。当时我挺调皮的，我大妈让我管那个姑娘（林徽因）叫姑，我说我叫姐。让我管梁思成叫叔，我说就叫大哥。"[49]

关于梁思成编写《清式营造则例》这段时期的工作，那时刚刚进入学社做绘图员，之后成为他最重要的助手和同事之一的莫宗江，后来回忆道：

"梁先生的工作特点是计划性极强，一个题目来了，他

48 王世堉：《仿建热河普陀宗乘寺诵经亭记》，载《中国营造学社汇刊》，1931，2（2），1-20（页码系逐篇标注）。

49 根据建筑文化考察组（殷力欣、温玉清、刘锦标、金磊等）2006年11月对路鉴堂之侄路凤台的采访，刘瑜整理录入。见建筑文化考察组：《承德纪行》，载《建筑创作》，2007（4），159-160页。

能很快地定出计划，而且完全按计划执行。《清式营造则例》就是他一边学工部《工程做法则例》，一边向老工匠学，学的过程就把图画出来，只20几天就画了一大摞，我每天都去看他的作业，一大摞太吃惊了，他一辈子都是如此严格按计划执行，工作效率非常高。"[50]

正因如此，梁思成在《独乐寺考》探讨与独乐寺相关的种种问题时，几乎是随手拈来一般、没有间断地与清式建筑作比，前后提及总计竟有130余次，其中还不包括隐含在行文中的，虽系由清式建筑的术语或规律提起的问题但未出现"清"字样的情况。

兹举数例如下。

言及斗栱，曰：

"明清以后，斗栱渐失其原来功用……其退化程度，已陷井底，不复能下矣。"[17]

谈及结构用梁之断面比例：

"其与后世制度最大之区别，乃其横断面之比例。梁之载重力，在其高度，而其宽度之影响较小；今科学造梁之制，

---

50 林洙：《叩开鲁班的大门 —— 中国营造学社史略》，北京，中国建筑工业出版社，1995年，56-57页。

大略以高二宽一为适宜之比例。按清制高宽为十与八或十二与十之比，其横断面几成正方形。宋《营造法式》所规定，则为三与二之比，较清式合理。而观音阁及山门（辽式）则皆为二与一之比，与近代方法符合。岂吾侪之科学知识，日见退步耶！"[17]

谈到细部造型：

"大角梁头卷杀为二曲瓣，颇简单庄严，较清式之'霸王拳'善美多矣。"[17]

凡此种种，不一而足。虽然在梁思成的笔下，清式（包括少量明清并称，实亦偏指清式）与唐、辽、宋等式相比，其种种表现，不论是美学的还是结构的，都以陪衬红花的丑角面目出现，但通篇登场 130 余次，却构成了独乐寺研究之坚固基石。

五、斗栱·柱式

梁思成在《独乐寺考》中最大的发明，乃是将斗栱与柱式（Order）相提并论[51]。在出发去蓟县前一个月刚刚发表

---

51 李士桥的研究曾提到这一重要观点，但却都是以 20 世纪 40 年代写作的《图像中国建筑史》以及《中国建筑史》为阅读文本。（转下页）

的《我们所知道的唐代佛寺与宫殿》中，他就写道："斗栱发达史，就可以说是中国建筑史。"[52] 在《独乐寺考》中，梁思成又更进一步，宣告斗栱犹如 Order。

"斗栱者，中国建筑所特有之结构制度也，其功用在梁枋等与柱间之过渡及联络，盖以结构部分而富有装饰性者。其在中国建筑上所占之地位，犹 Order 之于希腊罗马建筑；斗栱之变化，谓为中国建筑制度之变化，亦未尝不可，犹Order 之影响欧洲建筑，至为重大。"[17]

究其原因，关键就在于他认为，斗栱体现了结构与装饰的统一，进言之，体现了他与林徽因所宣称的"中国建筑的美产生于结构原则"的特征。关于这一点，在林徽因的《论中国建筑之几个特征》（与《我们所知道的唐代佛寺与宫殿》同于《社刊》3 卷 1 期发表）中，表述得更为明确而集中。

林徽因在文中强调，像北京的坛、庙、宫、殿，它们

（接上页）见（美）李士桥：《梁思成与梁启超：编写现代中国建筑史》，见《现代思想中的建筑》，北京，中国水利水电出版社，2009 年，95-112 页。

52 关于梁思成对斗栱的评判，见朱涛：《阅读梁思成（一）》，载《Domus》，国际中文版，2011（59），124-136 页。

所代表的中国建筑，是可与希腊帕特农神庙这样的不朽之作相提并论的、同样包含了"实用、坚固、美观"三要素的伟大艺术。而中国建筑之美，在脱离本来的实际功用外，是必须结合坚稳合理的结构原则来寻找的。斗栱，就是林徽因选择探讨的中国建筑的 5 项特征之一。正如她所声称："美的权衡比例，美观上的多少特征，全是人的理智技巧，在物理的限制之下，合理地解决了结构上所发生的种种问题的自然结果。"她对斗栱的品评，也是在"梁承托屋檐、传递到柱"这一结构机制发生和发展的背景下展开的。她写道：

"不过当复杂的斗栱，的确是柱与檐之间最恰当的关节，集中横展的屋檐重量，到垂直的立柱上面，同时变成檐下的一种点缀，可作结构本身变成装饰部分的最好条例。"[53]

在这些论述的基础上，梁思成《独乐寺考》着重强调斗栱之于中国建筑的作用与地位，特别是以刚刚发现的独乐寺建筑 —— 在斗栱以及整个建筑风格上都与北平宫室遗存迥异其趣的"古例"，作为这一论调的力证。

---

53 林徽因：《论中国建筑之几个特征》，载《中国营造学社汇刊》，1932，3 (1)，175 页。

于是，在以滔滔万言，数十图版，几近全文 1/3 的篇幅详述独乐寺两建筑的斗栱之时，梁思成写道：

"唐宋建筑之斗栱以结构为主要功用，雄大坚实，庄严不苟。明清以后，斗栱渐失其原来功用，日趋弱小纤细，每每数十攒排列檐下，几成纯粹装饰品，其退化程度，已陷井底，不复能下矣。观音阁山门之斗栱，高约柱高一半以上，全高三分之一，较之清式斗栱——合柱高四分之一或五分之一，全高六分之一者，其轻重自可不言而喻。而其结构，与清式宋式皆不同；而种别之多，尤为后世所不见。盖古之用斗栱，辄视其机能而异其形制，其结构实为一种有机的（organic），有理的（logical）结合。如观音阁斗栱，或承檐，或承平坐，或承梁枋，或在柱头，或转角，或补间，内外上下，各个不同，条理井然、各攒斗栱，皆可作建筑逻辑之典型。都凡二十四种，聚于一阁，诚可谓集斗栱之大成矣！"[17]

梁、林的这些评判，正是在域外的中国建筑研究上更进一步。1929 年，著名瑞典学者艺术史学家喜龙仁出版了《中国古代艺术史》，这是他继《5-14 世纪中国雕塑》《北京城的城墙与城门》之后的又一部关于中国艺术的巨著。该书第 4 卷即为建筑卷，其论述所及，很多地方都堪称梁、林之先声；然而在斗栱部分，尽管喜龙仁依据关野贞的少林寺的宋、元建筑的测绘图，与明、清建筑比较之后得出宋、元建筑斗栱的结构机能尚存，不似此后明、清建筑斗栱退化的结论[54]，亦为梁林所接受，但是，梁思成综合图像与实物而进行的整合性思考所得到的斗栱之于中国建筑地位的洞见，却不是喜龙仁的先见之明了。而且，这种将斗栱与柱式的相提并论，甚至也不见于当时的东亚建筑研究权威伊东忠太的论著，考虑伊东也同样具有西式建筑学的背景，并且多年来还特别热衷于东西方建筑与美术的比较，他的缺位就更加发人深思。

宣称斗栱犹如柱式，正是梁思成西方建筑学背景的直接表现。在他对独乐寺建筑艺术的描述、剖析以至讴歌中，他浸润多年的学院派对建筑美的理解得以抒发得淋漓尽致。而其中最明显的表现，甚或可以说，不尽在这些对建筑结构及构造的一丝不苟的描述和分析中，不尽在那些对建筑比例与造型之美的一唱而三叹的赞赏中，而是在这些详实且精美的图纸之中。他对建筑基本问题的理解，以及

54 Osvald Sirén: *A History of Early Chinese Art:Architecture*, London, Ernest Benn Ltd, 1929.

由此得到的对描绘对象的提炼与概括，体现在众多线划图上，每一根线条重量的权衡、虚实的掌控、线条粗细与连续性的选择；体现在为数不多但每一幅皆极具艺术感染力的渲染图上，从图底关系的确定到光线效果的设计，从色调配置和明暗关系到画面焦点的选择，从材料质感的表现到配景人物的身份、服饰、姿势乃至位置的经营，他对独乐寺建筑美的赞赏与钟爱，仿佛都凝聚到了每一幅渲染图的精准靠线、均匀退晕、精彩的高光，还有那巨大檐部阴影所容纳的微妙且无穷无尽的光线想象之中。所有这些建筑图的创作，所达到的不同对象内部及相互之间平面构图的均衡与空间纵深的实现，成为真正意义上的建筑艺术的"映射"[55]。

六、建筑正宗

《独乐寺考》中的结构计算即使在当时看来也是非常基础和简单的，对于接受过系统现代建筑学教育的梁思成来说绝非难题。但梁思成第一次将西方的力学方法应用于

---

55 建筑文化考察组（温玉清，殷力欣，刘锦标，金磊，陈鹤）：《天津蓟县、辽宁义县等地古建筑遗存考察纪略（一）》，载《建筑创作》，2007（7），181 页。

如此古老的中国木造建筑，还是表现出相当的慎重，特意咨询了这方面的专家清华大学教授蔡方荫。他与梁思成既是清华学堂的校友，也是同时期赴美留学，归国后又同在东北大学任教，而且是建筑事务所的合伙人[56]，1931年开始在清华大学讲授结构力学方面的课程。

他们对独乐寺建筑的力学分析，集中表现在对观音阁的主梁（即五架梁或称四椽栿）安全系数（factor of safety）的计算与讨论上。其中尤其值得一提的，是在亦步亦趋地应用既有力学理论、公式，对观音阁木构架进行结构简化并对静荷载（dead load）、活荷载（live load）等外力及其各自对应的最大挠曲转矩（maximum bending moment）、最大竖切力（maximum vertical shear）、最大挠曲应力（maximum bending stress）、最大切应力（maximum shearing stress）等应力进行验算的同时，也注意此种估算与应有的准确数量的差别，而且强调与这样近似计算相比，经历过如此悠久历史的结构物的实际力学表现应是更为重要且可信地反

---

56 这批兼为清华校友、留学同仁以及专业同行的好友，也是成就梁思成独乐寺研究的坚强后盾。除了结构力学专家蔡方荫外，还有专攻中国古代科技史的妹夫吴鲁强，基泰工程司建筑师杨廷宝，以及提供这次独乐寺测绘测量仪器的清华土木工程系主任施嘉炀。

映其所蕴含的力学知识的明证。比如，在验算过安全率后提到：

"右安全率，虽微嫌其小，然仍在普通设计许可范围之内。且各部体积，如瓦之厚度，乃按自板瓦底至筒瓦上作实厚许，未除沟陇之体积；脊本空心，亦当实心计算，故静荷载所假定，实远过实在重量。且历时千载，梁犹健直，更足以证其大小至为适当，宛如曾经精密计算而造者。"[17]

又在探讨五架梁与双步梁的组合形式时说：

"五架梁之下，尚有双步梁，在檐柱及内柱柱头铺作之上；然双架梁亦非如明！之与铺作合构而成其一部，而只置于其上者。双架梁之内端上，复垫以橔，上置五架梁，结构似嫌松懈。统和以来，千岁于兹，尚完整不欹，吾侪亦何所责于辽代梓人哉！"[17]

就如20世纪著名的力学家和工程结构家铁木生可在谈到20世纪前半叶材料力学的进展时所说：

"材料力学和弹性理论的理论共识是材料被假定为匀质的、完全弹性的并且能服从虎克定律的条件下推导出来的。事实上，材料的性质往往和完全匀质和完全弹性之间的差异还很大，因此对根据理想材料所推导出来的一些公式加以验证具有很大的实际意义。只有在最简单的情况下，理论才能给予我们以应力分布问题的全解。而在绝大多数情况中，工程师们还在应用近似解，其精确度必须通过直接试验加以校核……对于这种应力分析必须具备结构物实际使用情况的精确知识，尤其是关于作用在结构物上的各种外力的知识。我们对作用在结构物上面的力通常只能概略地了解一些，因此要想丰富我们的知识，应当借助于从事实际结构物在各种使用情况下应力的研究。"[57]

虽然他本是旨在说明近代发展实验应力分析的重大意义，但这段论述所体现的科学思想乃至具体内容却都颇可与前引《独乐寺考》的观点相参看。

《独乐寺考》的结构计算，是梁思成纯然西方建筑学方法的最直接表现。而这种"正宗的"建筑学方法，却因全文铺天盖地的《营造法式》词汇和清式营造术语以及贯穿始终的古雅的汉语写作文风而备受遮蔽。事实上，以正宗的源于西方的建筑学方法，配以超过国际水平的最优美的图纸[58]，以最古雅的汉语文风，并利用最古老的汉语传世

---

57 铁木生可：《材料力学史》，常振檝，译，上海，上海科学技术出版社，1961年，318页。

58 莫宗江回忆初入营造学社时梁思成给他提出的目标，见（转下页）

建筑专书的术语，勾画出独乐寺古老、庄严、稳固、雄伟之建筑形象，正是梁思成此时建筑史写作的旨归。而他在文中评价独乐寺建筑匠师的话语，借用来评价他本人的学术研究与写作，就显得再贴切不过了："皆当时大匠苦心构思之结果，吾侪不宜忽略视之。"《独乐寺考》全文多处与建筑"正宗"希腊相比，背后的苦心确是读者不可不明察的。这样的例子，除了集中体现在斗栱与柱式作比之外，还可再引两例：

"（观音阁）下层大角梁卷杀作两瓣，而上层则作三瓣；其卷杀之曲线严厉，颇具希腊风味。"[17]

以及

"希腊雅典之帕蒂农神庙亦有类似此种之微妙手法，以柔济刚，古有名训。乃至上文所述侧脚，亦希腊制度所有，岂吾祖先得之自西方先哲耶？"[17]

尾声

梁思成来营造学社之前一年，1930 年 2 月 16 日，朱启

（接上页）林洙：《叩开鲁班的大门 —— 中国营造学社史略》，北京，中国建筑工业出版社，1995 年，32-33 页。

钤在"中国营造学社开会演讲"中说道：

> "且也学术愈进步，则大同观念愈深，民族观念愈淡。今更重言以申明之，曰中国营造学社者，全人类之学术，非吾一民族所私有。吾东邻之友，幸为我保存古代文物，并与吾人工作方向相同。吾西邻之友，贻我以科学方法，且时以其新解，予我以策励。此皆吾人所铭佩不忘，且日祝其先我而成功者也。且东方人士，近多致力于南部诸国之考索者；西方人士，多致力于中亚细亚之考索者。吾人试由中国本部，同时努力前进，三面会合，而后豁然贯通，其结果或有不负所期者。启钤向固言之，学问固无止境。如此造端宏大之学术工作，更不知何日观成。启钤终身不获见焉，固其所矣。即诸君穷日孳孳，亦未敢即保其收获，至何程度。然费一分气力，即深一层发现。但务耕耘，不计收获，愿以此与同人互勉耳。"[59]

如此铿锵之语，令人心动。只是事与愿违，时局多舛。梁思成入学社之始，1931 年 9 月，东北、华北即逢多事之秋；他去独乐寺考察的前夕，1932 年 3 月，南北局势更遇

---

59 朱启钤：《中国营造学社开会演词》，载《中国营造学社汇刊》，1930，1（1），9（页码系逐篇标注）。

早春之寒。3月1日，十九路军被迫全部撤出上海市区驻防，此前闸北突被兵火更使朱启钤苦心倡刻的陶本《营造法式》原板毁于一旦[60]。同日，长春更名为新京，数天后溥仪将由大连启程前来"登极"。而为避让东南硝烟，国民政府的首都亦早已由南京迁往洛阳，重要机关的行辕竟为物资供给之便而"停驻"于陇海线上的火车车厢。一时之间，四海之内，如同乱麻[61]，而营造学社也终未能独善。

这一年初冬，关野贞造访辽西，再次偶遇辽代巨构——义县奉国寺大殿[62]。又三年的盛夏，1935年7月，他在关西地区调查时突发急症后去世[63]。在1931年的那个夏天之后，他再未踏足蓟县半步，初逢独乐寺的考察也成为最后一次。

附记

本文的研究与写作，得到了天津大学王其亨教授、徐苏

60 《营造法式版本之一大劫》，载《中国营造学社汇刊》，1932，3（1）。

61 儿岛襄：《日中戦争（第1、2卷）》，東京，文藝春秋発行所，1984年。

62 関野貞：《満洲義縣奉国寺大雄寶殿》，見《中国の建筑と藝術》，東京，岩波書店，1938年，273頁。

63 関野克：《父終焉の記》，宝雲，1936，3（16），2-3頁。

斌教授、青木信夫教授的悉心指导。同时，有不少观点的酝酿来自于与张思锐经常的探讨。本文的主旨也曾经在国内外多次以演讲形式发表，得到了众多学者的宝贵指教，限于篇幅无法一一列举。在本文写作的最后阶段，辽代建筑研究课题组的各位同仁孙立娜、任思捷、贺美芳、刘翔宇给予了很大帮助，谨致谢忱。

《明长陵》札记 [1]

《明长陵》所刊《中国营造学社汇刊》书影

　　刘敦桢先生的《明长陵》名义上是对长陵的研究，实际上是明代陵墓制度的整体研究，而且还不止于此。首先在探讨很多问题时都是从秦汉唐宋以来的陵墓历史的更大

---

1 原文撰于 2018 年，是为研究生讲解如何撰写读书报告的讲稿兼范文。

的框架来看，这一点跟梁思成研究独乐寺是放在整个大的中国建筑史的架构下来看的情况是相同的。同时，刘先生对各朝文献很熟，解释长陵一些具体问题时，引用如明代的典章史籍都信手拈来、言之有据。最后，对于和长陵关系最近的明孝陵和清陵，前者刘先生亲自调查过，后者虽然还没有去现场，但利用了他很熟悉的样式雷图（崇陵）。综合这三点，再加上基于"近代化"的西方建筑图表达方法，以及对单体建筑的比例构图等的形式分析，《明长陵》一文在研究"技术"上，已经超过了顾炎武以来的学者，达到了当时同主题研究的最高水平，起码可以与前辈学者关野贞并驾齐驱。此后，建筑视角的陵寝研究获得实质性的学术突破，要等到卢绳先生在东西陵开展系统调查以至20世纪80年代王其亨老师回到天津大学了。

刘敦桢《文津阁四库本〈营造法式〉校勘记》[1]

刘敦桢先生书迹局部

在近年纪念中国营造学社 90 周年的一系列活动中，我们曾介绍过一部《营造法式》（后简称《法式》）"石印本"，

---

1 原文载于《建筑师》2022 年第 10 期，署名丁垚、李晓、杨朝。

刘敦桢先生的这篇文字在原书迹页面上并无题名，这里依刘叙杰先生此前整理刊布《故宫抄本〈营造法式〉校勘记》的先例，暂拟作此题。

是中国营造学社工作用本 [2]，扉页有刘士能（敦桢）先生1933 年 4 月手书题记（后简称《记》），内容是以"文津阁四库本"校勘《法式》的总结。

当时，刘公方主学社文献组 [3]，与同仁以新见之

---

2 该本现藏中国文化遗产研究院，笔者在 2019—2020 年纪念中国营造学社 90 周年的系列活动期间，曾做过多种形式的展示和介绍，其中的概述文章即参考文献 1。石印本是《营造法式》一书最早的现代刊行本，是朱启钤在南京图书馆发现钱唐丁氏抄本《法式》后，1919 年 9 月以此为底本石印七册，开本为 26cm×15cm，较原本略小，见朱启钤《序》，齐耀琳《石印〈营造法式〉序》，傅熹年《南京图书馆藏钱唐丁氏旧藏本〈营造法式〉简介》。见参考文献 2、参考文献 3，814-819 页。第二年又依原式出版了石印大本，八册，33cm×22.5cm。见参考文献 4，16 页。

3 刘敦桢任文献组主任是从 1932 年夏天开始。1931 年 7 月营造学社改组，"分为文献、法式两组"，梁思成受聘为法式主任，9 月 1 日上任。见参考文献 5，183 页。文献组先是阚铎为主任，阚氏 10 月辞职后由社长朱启钤兼任，旋即聘请刘敦桢担任。朱启钤在 1932 年 3 月 15 日写给中华文化基金会的申请补助经费信函中提及，文献主任一职正"拟聘中央大学建筑系教授刘敦桢君兼领"。见参考文献 6，161 页。1932 年 7 月，刘敦桢从中央大学建筑系辞职，移居北平。见参考文献 7，212 页。而 6 月出版的《汇刊》，已经在封三"本社职员"的"文献主任"之下写为刘敦桢的名字，可知此后刘敦桢即为营造学社文献主任。见参考文献 6。

"故宫本"[4]及移藏燕京之文津阁本[5]详勘《法式》
甫竣[6]。前者之校记，有刘叙杰先生编纂刘公《文
集》《全集》以及傅熹年先生"合校本"之刊布[7]，已

4 "故宫本"指的是1933年3月陶湘在故宫图书馆发现的《营造法式》清抄本。因其行款格式与宋刊本残页相同，且内容完备、图样精美，被学界推为最善本。该本的发现和1933年的校勘，见参考文献8，148-149页，参考文献9，7、9-14页。以及刘敦桢识语（后被整理成《故宫抄本〈营造法式〉校勘记》一文），见参考文献10。对故宫本的专文介绍，见参考文献11。

5 文津阁《四库全书》成书后一直藏于承德避暑山庄，至宣统元年(1909)，清学部筹建京师图书馆，欲将阁内藏书调入京师，获准后始终未曾办理。辛亥革命后，民国政府教育部继续办理此事，自1913年12月开始将阁内藏书运送进京，前后又经多方干预，最终在1916年京师图书馆完成了文津阁《四库全书》的接收工作。此后藏书未受战乱影响，现存于国家图书馆。见参考文献12。

6 故宫本的校对工作在4月上旬完成，见参考文献10。又依此《记》，文津阁本的校对在4月13日完成。用这两本校勘《法式》可能是学社因故宫本的刚刚发现而"临时"安排到4月前两周连续进行的一项工作。

7 我们近年策划、组织"营造学社之道"展览时，为便于观摩学习，蒙刘叙杰先生慨允，也在展览中使用了这篇《校勘记》的照片，见参考文献1，77页。这篇文字首次发表于1979年，出版时加上了《故宫抄本〈营造法式〉校勘记》的题名，后相继收录在《刘敦桢（转下页）

为学界所共知。后者即此《记》，则随所附《法式》一书辗转颠沛，先避战火、再逢洪水，[8] 又长期深藏书

<hr />

（接上页）文集》及《刘敦桢全集》。原文则书写在刘敦桢自用《营造法式》石印本扉页上，书影首次发表在2007年，收录在《刘敦桢全集》第十卷，同书还收录了刘敦桢以故宫本校勘《法式》的详细记录。近年，傅熹年先生又以影印本和点校本两种形式出版《法式》合校本，里面也包含了上述题记和校勘记录，是20世纪60年代自刘敦桢手批"陶本"过录而来。另外，除原本外，至少还有两种已知的《法式》传本也过录有这次以故宫本校勘的记录：一是东南大学建筑研究所陶本，应是过录自刘敦桢的陶本；一是陈明达《法式》抄本，是以石印本为底本，将全书用毛笔手抄、绘而成，应是抄于20世纪30年代陈明达加入营造学社之初。

8 关于营造学社图书资料等在1937年以后的保管、转移，尤其是1939年天津洪水后的情况，有多种档案资料及回忆追述文章等提及。

① 刘敦桢1962年为童寯《江南园林志》所作的序就提到了学社南迁后，寄存天津银行的图书资料"悉没洪流中"，以及朱启钤"收拾丛残"的事情，见参考文献13。同样是来自刘敦桢的记载，刘叙杰、郭湖生先生20世纪80年代整理公布的刘敦桢在这段时间的西南调查日记，有在调查途中的刘敦桢、梁思成与留守昆明的林徽因联系朱启钤及天津银行在洪水之后提取、修复这些图籍的记载，是当时实录。见参考文献38，226-319页。

② 这些文献中，以朱启钤之子朱海北《中国营造学社简史》所述较为完整，其原始史料应是来自当事人朱启钤本人的书面或口头讲述："(1937年)7月卢沟桥事变发生……乃先将重要图籍文物分别检束寄顿。旋经朱社长及梁刘两主任筹议结果，以贵重图籍仪器及历年（转下页）

（接上页）工作成绩，运存天津麦加利银行……1939年夏，天津发生水灾，寄存麦加利银行地库之物品，全部遭水淹没，渍于水者凡二月。图籍仪器照片之类，大部损坏不堪。水退后运京整理，费时三月，所得不及原来十之二三，仪器多种，亦全毁坏……北京保管处所保管之图书、仪器、模型、稿件等，胜利后结束，社中资料分散存置各处。解放后，略加整理，计存置于清华大学者为图稿、照片、瓦当、文物等。存置于文物整理委员会者为书籍。存置于都市计划委员会者为铜版、锌版、出版刊物及家具等。存置于历史博物馆者为墨线图及彩色图……学社现有之资料：（甲）书籍——由文物整理委员会代为保管；（乙）图稿照片瓦当文物——由清华大学营建系代为保管；（丙）铜版锌版出版刊物及家具——由都市计划委员会代为保管；（丁）墨线图及彩色图——暂由历史博物馆陈列。"见参考文献14，11-14页。其文虽发表于1999年"纪念营造学社70周年"之际，但考其史料，可知底稿则应写成于1952年春夏间。

③ 梁再冰20世纪80年代回忆40年代在李庄时听说的情况："后来，又传来了天津涨大水的消息。营造学社的一批无法带到后方的图片资料当时寄存在天津一家银行的地窖中，涨水后全部被淹毁，这是父母和学社成员多年心血的积累，所以父亲和母亲闻讯后几乎痛哭失声。"见参考文献15，242页。

④ 当时也在李庄的刘致平后来回忆道："留在北京的营造学社财产与资料，由朱启钤先生费尽心血加以保存。大批资料图纸，存放在天津某银行地下库中，不幸1939年天津水灾时，被水浸泡，许多珍贵的图纸资料受损，这是非常可惜的。"见参考文献16，2页。

⑤ 林洙1995年的著作因综合了各方了解的情况，因此对此事始末叙述十分详细，如关于资料的保存，"决定存入天津英资麦加利银行的保险库中，并规定必须有朱启钤、梁思成、刘敦桢三人的联合签名才能提取"；关于朱启钤组织抢救水浸资料，"朱与原学社职员 （转下页）

库[9]，鲜有知者。故再将此《记》稍作补充之介绍，并略述相关史实，以资学者参考。

又朱桂辛先生[10]于《法式》一书之发现与重刊，系开启中国建筑研究一大机缘，借其名与实而肇建之营造学社也因此机缘发轫[11]、开创了中国学术史上不朽的名山事业，今年是蠖公诞辰150周年，亦呈此小文谨表纪念。

（接上页）乔家铎、纪玉堂等人一起将这批图纸胶片逐张摊开晾干，作为原始资料留存……"见参考文献 17，16-17、95、110-111 页。

⑥ 费慰梅的著作也提到了这方面的情况，但该书所述与其他的文献略有差别。见参考文献 18，124、181 页。

9 关于1946年以后的情况除了前述资料外，当时在旧都文物整理委员会（文整会）工作的杜仙洲后来也有回忆："讨论结果，照相仪器、绘图仪器、照片等归清华大学。家具归北京市都市规划委员会，图书资料归文整会。当时大家戏称'三家分晋。'"见参考文献 19，306-307 页。21世纪以来，藏于中国文化遗产研究院的这部分图籍资料陆续刊布了一些，如分别收入《梁思成全集》《刘敦桢全集》的一批佛塔专题调查报告。这部分的情况得到了殷力欣、永昕群先生的指教。

10 朱启钤（1872—1964），字桂辛，晚号蠖公，创办中国营造学社，任社长，延聘梁思成、刘敦桢入社开展研究。

11 朱启钤1929年3月24日的《中国营造学社缘起》写道："中国（转下页）

《记》写于薄宣纸上，页面宽约 13cm、高约 26cm，"版心"宽、高则各约为 10cm、23cm。《记》文共 9 行，行约 30 字，该页曾经水浸，左下角残缺，他部稍有损；但末行"刘敦桢"署名则完整无缺，通篇文字亦刘公书风无疑，考其文意，亦可征于学社史事。

兹先录其《记》文字[12]：（引号及断句皆依原文之标记，录为通用标点符号。文中残缺字样，"校"系据文字残形依文意补全，"叱"系全字不存而仅依文意补全，"□"系未能遽断者仍付阙如。"⌐"为原文换行处。）

文津阁本页十六行，行二十一字，版心高 21cm、宽 15cm。每卷首三行，第一行⌐书"钦定四库全书"，

（接上页）之营造学，在历史上，在美术上，皆有历劫不磨之价值。启钤自刊行宋李明仲《营造法式》，而海内同志始有致力之涂辙。年来东西学者，项背相望，发皇国粹，斐然从风。方今世界大同，物质演进。兹事体大，非依科学之眼光，作有系统之研究，不能与世界学术名家公开讨论。启钤无似，年事日增，深惧文物沦胥，传述渐替。爰发起中国营造学社。纠合同志若而人。相与商略义例，分别部居。庶几绝学大昌，群材致用。"见参考文献 20，1 页。

12 高夕果的文章已经识录过该《记》的文字，我们又进一步识读出一些文字，并结合其文意可以补释出一些文字，见参考文献 1。

第二行书"营造法式卷○[13]"，第三行书"宋李诫撰"。
⏘全书分订七册，总目删而不载，看详一章，列为附录、置于卷末，此二项乃最大异⏘点也。其誊录校对人员，详识每册前后，计总校官候补知府叶佩荪，[校对官]⏘中书毛上炅，誊录监生刘理之，详校官编修程嘉谟，[覆勘纪昀]、[后二者]⏘用黄签标贴每册首页，余附记册末。书中除遗漏图样五页，[卷二十六大木][14]⏘作瓦作料例五页误掺入卷二十七泥作料例外，其余尚称精[审]。□□□□□□□[15]殆因宣纸过厚，不便临摹，致失真象，不足深责也。⏘民国二十二年四月十三日刘敦桢、[谢国桢]、[单士]元、林炽田□……（文末余字数不详，最多8字）

《记》语凡250余字，所述除行格尺寸、校录官人等项属该书基本信息外，尚有三事值得注意。

---

13 原文如此，意为"卷次若干"。

14 详细核对文津阁本《法式》的卷二十七前后的实际内容，可知是卷二十六的大木作、竹作、瓦作料例误掺入卷二十七中，于是据此补充缺失的几个字。

15 由上下文的意思并结合谢国桢文章可推知，这句说的是图样细节的缺憾。

一曰目录、看详。即《跋》所云,"总目删而不载,看详一章,列为附录、置于卷末"者。按《法式》一书之"目录"与"看详",江南诸抄本[16]皆存之而骈列篇首,是仍宋刊本[17]之旧也。惟四库本因编修自有格式,遂作如是删移[18]。然于此二项之议,则由来久矣。宋人于《法式》一书之记、录纷纷,即多言此二者,其中尤以绍兴十五年(1145)校勘、重刊所云"绍圣《营造法式》旧本,并目录、看详共一十四册"者,最为彰著。至有清一代,宋椠既轶、传本绝稀,而卷数之议又起,亦颇涉此二者。[19]故刘公谓"此二项乃最

---

16 江南诸抄本中有代表性的几种可参看傅熹年先生的介绍,见参考文献3。

17 现存"宋刊本"残卷有:卷八首叶前半,此叶是傅增湘于1920年前后在清内阁大库中捡得;卷十之第六、七、九、十叶,卷十一至十三卷,此部分在1956年发现于国家图书馆中,后经学者分析,判断该残卷为南宋绍定年间(1228—1233年)重刻,后代修补。

18 虽然都是删移,四库诸本也不完全相同。从一个表现可以略窥一斑:三种《四库》的《法式》一书,《提要》就各不相同。

19 《法式》现存各种抄本的目录和内容都是"制度"部分有13卷,不同于"看详"所说的15卷,再加上宋刊全本已经看不到了,故而,早在乾隆时代,四库馆臣就探讨过这个问题。他们认为本书内容不缺,只是后来传抄过程中对卷数做了合并,所以少了两卷。(转下页)

大异点"，实颇有所谓也。

二曰遗漏、错页。此句《记》文虽稍缺，但依意不难补全，即：图样遗漏五页，文字则有五页错位。[20]虽然，刘公于此本之评价仍颇高，谓其"尚称精审"。按桂老倡勘《法式》之初，适逢文渊、文津、文溯三阁《四库》荟聚京师，遂有对校之便。[21]然《四库》诸本颇有异同，为清季学人所

（接上页）清代以来，众说纷纭，也有看法认为就是存本不全了，但一般还是倾向于认为传本《法式》就是全本，如陈仲篪1962年的文章就是这样写的，见参考文献4，13-14页。近年王其亨教授利用陈明达先生工作用"小陶本"对四库馆臣说法进行了核实，确认篇目不缺，见参考文献21。傅熹年合校本《法式》又引用《续谈助》证明北宋刊本"看详"写的应该是13卷，卷数之议遂定，见参考文献3，838页。在此以前，存在这两卷之差的疑问时，目录和看详是否计入卷数，就成了辨析的一个问题。

20 实际掺入页数，以文津阁本计，是6页；以石印本计，是5页有余。

21 名义上仿宋刊本（陶本）以四库三本校勘而成，如主事者陶湘1925年在该本的《识语》里说的"以文渊、文溯、文津三本互勘"。见参考文献24，253页。但其中颇有疑点，学界早就有议论。例如，"五曰慢棋"一条是初印陶本最为人熟知的缺漏，但这条在三种四库本里并没有缺失。至于陶本中的很多图样，我们近年的研究发现，和文溯阁本关系密切，和另两本却很不一样。加上学社同仁都一再明确提到陶本刊行前互校使用的是文溯阁本，而没有提及另外两本，因此很可能当时使用的只是（或主要是）文溯阁本，见参考（转下页）

熟知，文津本则向有晚成而精校之誉，[22] 故学社诸公多属意

（接上页）文献 25，第 5 页；参考文献 8，第 149 页；参考文献 9，第 10 页；参考文献 26，第 9 页。

　　另外，陶湘署名发表的《营造法式校勘记》系以陶本和文溯阁本相校亦可参看，见参考文献 27。（此承王其亨、成丽老师赐教。）

22 朱启钤 1935 年回顾民国初年的影印《四库全书》计划时就提到，当时之所以拟采用文津阁本，除了因其在宫外"便于取携"之外，也有传闻"仁宗幸避暑山庄颇有补订"的原因。他还提到，文渊阁《四库》因有陈垣先生的扎实研究，已经知道有若干缺失，文溯阁《四库》则在乾隆朝刚修完时就发现很多错误。（其中有些看法似乎和先前几年《汇刊》的评论有些不同，详究仍待专论。）见参考文献 28，314 页；参考文献 29，12-17 页。我们近年持续研究《法式》诸本，也关注了现存三种四库本的异同。大体上可以看出：文渊阁本《法式》对文字部分校勘精良、错误较少，实为一前"现代"整理本，不过，此本的图样既有整理"过度"的嫌疑，而且图案绘制仍不免清代风格；与文渊阁本相比，文溯阁本的特点，结合其再抄本和图样照片看来，校勘不及前者精审，同时保留底本原样也更"忠实"，但图样进行了明显重绘；文津阁本的情况大体介于两者之间，但与文溯阁本似乎更近，是较为接近底本的非"整理本"，尤其是图样部分保留了不少刻工名字，十分珍贵。三本各有特点，在研究时很可以互相补充。这部分和前文关于几种四库本的认识成果，主要体现在 2010 年以来笔者（丁垚）先后指导任思捷、杨朝（参考文献 30）等同学的几种天津大学本科、研究生毕业论文，曾在一些学术会议发表、交流。得到了晋鸿逵、范景中、陈先行、孙田等师友的赐教和帮助，谨致谢悃。

之，刘公此评赞实亦有所谓也。

三曰图样摹绘。既有故宫本"图绘精美、标注详明"[23]之珠玉在先，故于文津阁本之图样，刘公似未多之；图样页面抄录有刻工名一事，[24] 亦未述及。惟于图样效果，则有"殆因宣纸过厚……不足深责也"之褒贬。由此推而言之，文津阁本《法式》之图样，虽因纸厚不便摹绘或失

23　刘敦桢在以此文津阁本校勘之前几天，总结刚刚以故宫本校勘的收获，关于图样就写道："余如图绘精美，标注详明，宋刊面目，跃然如见。"见参考文献10。

24　谢国桢在这次校勘后所作的《〈营造法式〉版本源流考》一文，提到在文津阁本《法式》里发现了南宋刻工的名字，这是他判断后来的传本都是本于南宋而不是北宋刊本的关键，见参考文献9，5页。刘敦桢在这篇《记》里对刻工的问题并未多说，想必也是缘于谢国桢将有专文论述。至于总结本月校勘工作的这篇专文因何由谢国桢操刀，或许还是由于上月陶湘发现故宫本事出偶然，而学社"职员"刘敦桢、单士元、梁启雄等人都有既定的工作计划（如《营造算例》、明清建筑史料汇编、《哲匠录》等编纂研究），所以总结撰写校勘记这一"临时任务"就由并非职员的社员谢国桢来完成了。而且就学养来说，他曾亲炙王国维、梁启超等关于版本目录之学的传授，也是合适的人选，这也可能是刘＋谢＋单（＋林）这一组合构架的初衷吧。关于该本所保留的刻工名字，更详细的介绍，见参考文献3，820-822页。

细节，[25] 然以底本尚佳故其大处必有可观者也。[26] 其中尤以数幅侧样图为著，谢国桢文即明言之，[27] 近年傅熹年先生亦有专文详述，[28] 且可知陈明达先生《营造法式大木作研究》附图之有所取舍也。[29]

---

25 谢国桢稍后也提到"其书（文津阁本）为厚宣纸抄本，细部已失其本来面目矣。"这显然和刘敦桢《记》中所说的是相同的意思，见参考文献 9，13 页。

26 据《四库提要》可知，编纂《四库全书》时，校、抄《营造法式》所用的底本是范氏藏"天一阁本"，应是宋刊本的抄本。因该本缺少卷三十一，所以该卷是用"永乐大典本"这一部分为底本补入的，见参考文献22。综合学界对《四库》的研究，以及前述对三种四库本《法式》的认识，可知"天一阁本＋永乐大典"这一底本还是很接近宋刊本面貌的。

27 谢国桢稍后综合营造学社已有研究时亦提及："丁本大木作制度，据梁思成先生研究，间架构造，误者不少……文津阁四库本图，似较丁本为胜，大木作间架亦不误。"见参考文献 9，13 页。

28 如卷三十一的图 5、13、19、20 共四幅图，傅熹年先生强调指出，"张本""丁本"及陶本都错在柱位移动，而文津阁本不误，与故宫本全同，见傅熹年《国家图书馆藏〈四库全书〉本〈营造法式〉简介》，见参考文献 3，820-824 页。

29 陈明达的名著《营造法式大木作（制度）研究》图版部分，收入文津阁本《法式》的图样共 10 页，绝大部分是殿堂、厅堂的侧样图。而未采用明显有错误的丁本或陶本的图样，见参考文献 31，XLV-XLIX；见注释 25 引谢国桢文。

此《记》识于当年 4 月 13 日，与其事者则刘公并学社同仁谢国桢、单士元、林炽田共四人。此前数日，刘、谢、单三先生详校故宫本甫竣[30]，《中国营造学社汇刊》（后简称《汇刊》）第四卷第一期记此二事颇详，惟校者则概言四人云。[31] 今读刘公二《记》，可确知矣。谢、单二先生，皆著名学者。校勘时，单为学社职员，任编纂之职[32]，谢为学社社员，居校理之列。林炽田之名，则似仅见于该期《本社纪事》。考诸翌年学社职员梁启雄所撰文，知林乃梁近年助手之一，协其编纂《哲匠录》，[33] 当时应是以此身份参

30　刘敦桢故宫本《校勘记》写的是四月上旬："民国二十二年（1933）四月上浣，与谢刚主、单士元二君，以石印本校故宫钞本，凡六日毕事。"见参考文献 10。

31　《本社纪事》记四人校勘两书是笼统说的，未做分别："以上二书，经刘敦桢、谢国桢、单士元、林炽田详校二遍，于丁本、陶本文字，厘正多处。"见参考文献 8，149 页。

32　大约在本年末，单士元也名列于"社员"之"校理"中，见参考文献 32。

33　林炽田和范彦回这两年在协助梁启雄编纂《哲匠录》，这是梁启雄在1933 年冬为《廿四史传目引得》所作的《序》中提到的："余凤尝从事于编纂《哲匠录》，所搜取之资料，类皆不辨何世何代之古人断片事迹，至其人之爵里事业，非进而加以考索，则无繇（转下页）

与刘、谢、单三人之校勘。[34]

按此校勘事在四月，而该期《汇刊》之出版时间则书作三月，矛盾明显。封底英文页，却作七月（July）出版。可知该期本应于三月出版，实延至七月，中文页则用成版未改，故有抵牾。出版愆期"三月有余"，本期《纪事》亦已自作申说。[35]此后至明年九月，各期《汇刊》，出版时间之参差皆如此。[36]本年岁首，榆关失陷，华北危岌，是月梁思成先生考察正定所记途中纷乱种种，即是

<hr />

（接上页）得以详察！林炽田、范彦回二君襄余编纂有年，二君深感考索钩稽之烦劳，乃建议利用课余之暇，编《二十四史传目引得》一书……"见参考文献33，1-2页。《哲匠录》是朱启钤很看重的一项工作，后来主要由梁启雄负责编纂，在《汇刊》上从1931年3月开始陆续发表，直到1933年12月。

34 中国营造学社1936年修正预算草案列出的"职员薪俸"项，有林炽田的名字，为"书记四人"之一，可知直到这一年林仍在学社任职。见朱启钤1936年7月与叶恭绰函附《致中英庚款董事会函稿》，见参考文献34，230-235页。

35 见《汇刊》第四卷第一期《本社纪事》：（三）汇刊出版愆期，见参考文献8，149页。关于该期的成书出版，笔者将另有专文述及。

36 从《汇刊》第四卷第一期一直持续到1934年9月出版的第五卷第一期。

实录。[37] 故《汇刊》出版多有延宕，亦缘此时局之变也。

当是时，陶兰泉[38] 应藏园先生[39] 之邀为故宫图书馆编订《故宫殿本书库现存目》将付梓，[40] 方检得南书房原藏之影宋抄本《法式》，即所谓"故宫本"者，学社同仁"惊为奇迹"，详勘之役遂举。[41] 不旬月，校勘毕。所获最要者，或为诸抄本皆祖绍兴而非崇宁，页间刊工之名是其锁钥，[42]

---

37 见参考文献 35。

38 陶湘（1871—1940），字兰泉，号涉园，江苏武进人，著名学者、藏书家。

39 傅增湘（1872—1949），字润沅，后改字沅叔，别署双鉴楼主人、藏园老人等，著名藏书家和版本目录学家，曾任故宫博物院图书馆馆长。

40 《故宫殿本书库现存目》（见参考文献 36）是陶湘为故宫图书馆编订的殿本书目。始于 1926 年受时任馆长傅增湘之邀，毕工于 1933 年 5 月。当时宫内各处如文渊阁、三殿、六宫、御园、书房等处珍藏书籍咸聚寿安宫图书馆，陶湘数年间往返京津完成此稿。傅增湘在为该书所作《故宫殿本书库目录题辞》亦颇言及陶湘发现旧抄《营造法式》一事，亦见于参考文献 37，1080-1084 页。

41 见参考文献 8，149 页；参考文献 9，7、9-14 页。

42 后来学者进一步详考刻工的时代，知道这些后世抄本都是直接或间接源自绍定间刊本，见参考文献 3、4，亦参注释 20。

谢国桢即言之颇详。刘公两题跋，是略述此十数日间以二本校勘之梗概也。又四年，梁、刘诸公南迁，桂老遂庋藏图籍资料于津门以冀弗失，然未二载竟失之于洪水。桂老痛惜之余，尽收检裱护之，刘公此《记》则其中失而复得之一页也。[43] 今也去诸先贤之逝又数十载，后学获睹此《记》，如临铜驼巷陌，营造学社近百载浮沉宛在目前。至于《记》所言文津阁本《法式》之图与文，或有发覆可续貂于诸前辈高论者，则待另篇云。

感谢多年来刘叙杰、殷力欣先生教示刘敦桢、陈明达先生关于《营造法式》研究的书迹、手稿。

参考文献

1 高夕果，钱高洁：《中国营造学社藏书手书题记探析》，载《建筑学报》，2019（12），73-78 页。

2 （宋）李诚，编修：《"石印本"〈营造法式〉》，杭州，浙江摄影出版社，2020。

3 （宋）李诚，编修，傅熹年，校注：《"合校本"〈营造法式〉》，北京，中国建筑工业出版社，2020。

43 参见注释 8、9。

4 陈仲篪：《〈营造法式〉初探》，载《文物》，1962（02），12-17 页。

5 本社纪事，载《中国营造学社汇刊》，1932，3（1），183-190 页。

6 本社纪事，载《中国营造学社汇刊》，1932，3（2），161-167 页。

7 刘敦桢：《刘敦桢先生生平纪事年表》，见《刘敦桢全集·第十卷》，北京，中国建筑工业出版社，2007。

8 本社纪事，载《中国营造学社汇刊》，1933，4（1），148-149 页。

9 谢国桢：《〈营造法式〉版本源流考》，载《中国营造学社汇刊》，1933，4（1），1-14 页。

10 刘敦桢：《故宫抄本〈营造法式〉校勘记》，见《刘敦桢文集·第一卷》，北京，中国建筑工业出版社，1982，260 页。

11 傅熹年：《介绍故宫博物院藏抄本〈营造法式〉》，见（宋）李诫编修，故宫博物院编：《〈营造法式〉（"故宫本"）》，北京，紫禁城出版社，2009。

12 坤顺：《文津阁〈四库全书〉抵京始末》，载《图书馆工作与研究》，1983（02），26 页。

13 刘敦桢：《序》，见童寯：《江南园林志》，北京，中国建筑工业出版社，1984。

14 朱海北：《中国营造学社简史》，载《古建园林技术》，1999（4），10-14 页。

15 梁再冰：《回忆我的父亲梁思成》，见梁思成先生诞辰八十五周年纪念大会，编印：《梁思成先生诞辰八十五周年纪念文集》，北京，清华大学出版社，1986，227-249 页。

16 刘致平：《纪念朱启钤、梁思成、刘敦祯三位先师 —— 有感于中国传统建筑文化之发掘、深入研究，继承、发扬和不断创新》，载《华中建筑》，1992（1），1-3页。

17 林洙：《叩开鲁班的大门——中国营造学社史略》，北京，中国建筑工业出版社，1995。

18（美）费慰梅，著，曲莹璞，等，译：《梁思成与林徽因 一对探索中国建筑史的伴侣》，北京，中国文联出版公司，1997。

19 中国文物研究所，编：《中国文物研究所七十年》，北京，文物出版社，2005。

20 朱启钤：《中国营造学社缘起》，载《中国营造学社汇刊》，1930，1（1），1-6页。

21 王其亨，成丽：《传世宋〈营造法式〉是否完本?——〈营造法式〉卷、篇、条目考辨》，载《建筑师》，2009（03），106-115页。

22（宋）李诫，编修：《〈营造法式〉（文津阁〈四库全书〉）》，上海，商务印书馆，2005。

23（宋）李诫，编修，故宫博物院，编：《〈营造法式〉（"故宫本"）》，北京，紫禁城出版社，2009。

24（宋）李诫，编修，陶湘，等，校：《〈营造法式〉（"陶本"）》，上海，商务印书馆，1933。

25《英叶慈博士以永乐大典本营造法式花草图式与仿宋重刊本互校之评论》，载《中国营造学社汇刊》，1930，1（2），1-6页。

26 梁思成：《〈营造法式〉注释序》，见《梁思成全集第七卷》，北京，中国建筑工业出版社，2001。

27 陶湘：《营造法式校勘记》，载《国立奉天图书馆季刊》，1934，1-14页。

28 朱启钤：《文渊阁藏书全景后记》，载《国学季刊十卷二期》，1936，311-316页。

29 陈垣，著，陈智超，编：《陈垣四库学论著》，北京，商务印书馆，2012。

30 杨朝：《内藤文库本〈营造法式〉研究》，天津，天津大学，2020。

31 陈明达：《营造法式大木作研究》，北京，文物出版社，1981。

32 本社职员·本社社员，载《中国营造学社汇刊》，1934，4（3-4）。

33 梁启雄，编：《廿四史传目引得》，上海，中华书局，1937。

34 上海图书馆历史文献研究所，编：《历史文献·第10辑》，上海，上海古籍出版社，2006。

35 梁思成：《正定调查纪略》，载《中国营造学社汇刊》，1934，4（3，4），1-41页。

36 陶湘：《故宫殿本书库现存目》，北京，故宫博物院，1933。

37 傅增湘：《故宫殿本书库目录题辞》，见傅增湘，撰，傅熹年，整理：《藏园群书题记》，上海，上海古籍出版社，2008。

38 刘敦桢：《川康古建调查日记1939年8月26日—1940年2月16日》，见《刘敦桢文集（三）》，北京，中国建筑工业出版社，1987。

《营造法式大木作研究》
的短书评 [1]

　　每一位尝试阅读陈明达《营造法式大木作研究》的读者都会发觉：这是一部神奇的著作。问世 30 余年来，这本书一向以艰深难读闻名。初翻此书的读者，往往纠结或

---

1 本文撰于 2014 年，原载于《世界建筑》2015 年第 7 期，与此稿略有区别。

者止步于第一章"几项基本尺度的材份";即便抱着侥幸心理跳过,来到"房屋规模形式"的第二章,也会因为无法逾越充满材等、份值和尺寸各种数据的大表格而再次放弃阅读;接下来以截面模量计算开始结构力学探讨的第三章,加上以搜括《营造法式》功限部分罗列的斗栱(铺作)分件清单开始的第四章,必定要把所有未深具耐心的读者斩落马下。而这显然早在作者的意料之中,甚至付梓之初有同事获赠书者"盛赞"其催眠效果,陈公闻之竟颇以此自矜。

业师王其亨先生就曾多次跟我们忆起他求学时"硬着头皮"啃这本书的经历——也正缘于此,王老师才在就读研究生时选择问学于陈先生。这当然不是由于王老师的"猎奇",而是因为这部著作的学术感召力:或许可以说,自朱启钤重新发现《营造法式》至今近一个世纪以来,陈公此书仍是解读原书最深入、最具启发性的建筑论著。其探究种种建筑问题时将限于体例分散在原书各卷的相关细节整合于己论辩之下的强大逻辑力量,令人每次读来,每次都会为其气势所撼动。

究其原因,作者数十年浸润《营造法式》对原书内容的熟稔,数十年田野考察对相关建筑实例的熟稔,使得他在营造学社时期便耳濡目染的学院派建筑法则终于发酵，此前 10 余年研究应县木塔就已是成功的小试牛刀。而这样的因缘际会，关键的催化剂其实是他于而立之年开始介入建筑设计实务。对完整设计过程的经验，一定大大推动了对以"综合"为要旨的建筑学原理以及原本就是围绕建造实务而编写的《营造法式》的感悟与理解。

接续老师梁思成的学术研究，陈明达对《营造法式》的研究也并未囿于原书，而是直指更宏大的"中国建筑"目标。最具代表性的发明之一——"殿堂与厅堂"，就是他利用原书词语创造的新概念，成为解读木结构形式的方便。"不仅使我们对宋代建筑有较深的理解，而且对于研究我国古代木结构建筑的发展，有着深刻的启示。"

梁思成曾称赞他："明达有奇思。"可能在那一代人里面，只有建筑学习经历如此完备且"有奇思"的陈明达才能在花甲之年面对本身即是奇书的《营造法式》，编织出这样一部充满奇思妙想的鸿篇巨制，只是，引他少年时入门的老师梁思成、刘敦桢，都看不到这本书了。

《〈营造法式〉辞解》整理前言 [1]

　　《〈营造法式〉辞解》（以下简称《辞解》）是对我国古代建筑经典《营造法式》中 1105 个词条的解释，是建筑史学家陈明达先生晚年研究《营造法式》的遗著。作为陈

---

1 《〈营造法式〉辞解》系陈明达先生遗著，由丁垚等整理补注，王其亨、殷立欣审定，天津大学出版社 2010 年出版。

先生的学生，王其亨、殷力欣先生一起承担起了整理《辞解》的工作，王其亨教授领导的天津大学建筑学院建筑历史与理论研究所的师生也多与其间。值此中国营造学社成立80周年之际，在各方人士的共同推动下，将10余年来整理和学习这部著作的阶段性成果付梓，以飨学界同人，并告慰陈先生在天之灵。笔者受王老师和殷先生所嘱，谨将陈明达先生的生平和学术成就、这部著作的内容和价值以及我们整理工作的有关情况略作介绍，以供读者参考。

一、生平与学术事迹 [2]

陈明达（1914年—1997年），湖南祁阳人，生于长沙。其先世陈大受（1702年—1751年），为清乾隆朝军机大臣、太子太傅、直隶总督、两广总督，谥"文肃"。曾祖陈文骥（1840年—1904年），于光绪朝历任杭州知府、台北知府、台湾兵备道道员、庐州知府等职，任台北知府时于光绪十八年（1892年）倡修的40卷《台湾通志》是现存台湾

---

2 关于陈明达先生的生平，殷力欣先生整理汇编的《陈明达古建筑与雕塑史论》附《陈明达年谱》所述甚详。这里以年谱为基础，结合其他材料，仅将其家世和生平学术事迹略作梳理，以供读者参考。

旧志中最大的一部[3]。民国十四年（1925 年），父陈肯堂举家从长沙迁往北京。其年，陈明达 11 岁，到北京后与莫宗江（1916 年—1999 年）成为同学，二人交谊终身不渝。在北京上学期间，陈明达曾师从齐白石学习国画，另从德国画师习素描、水粉。家贫故常变卖古籍，父每择其佳者令其手抄全书留底。1931 年陈明达高中毕业，原拟赴东北大学学习，因时局和家境而辍学谋生。1932 年，经莫宗江介绍，他入中国营造学社，始为绘图员，后升为研究生、助理研究员、副研究员。在营造学社期间陈明达师从梁思成、刘敦桢先生，是刘敦桢先生的主要助手。20 世纪 30、40 年代营造学社进行的实地考察与各项研究活动，陈明达多与其中。1937 年转移到西南后，除了参与营造学社组织的云南、四川古建筑调查活动外，1941—1942 年陈明达还作为

---

3 参见连横《台湾通史》卷 24《艺文志》载："光绪十八年，台北知府陈文騄、淡水知县叶意深禀请纂修通志，巡抚邵友濂从之。设总局于台北，以布政使唐景崧、巡道顾肇熙为监修，陈文騄为提调，通饬各属设局采访，以绅士任之。"转引自台北"中央研究院"汉籍电子文献瀚典全文检索系统"台湾方志数据库"，http://hanji.sinica.edu.tw/index.html?，访问日期 2010 年 5 月 15 日。

营造学社的代表参加了中央博物院彭山汉代崖墓的发掘考察，专门负责崖墓建筑的研究工作，完成了《崖墓建筑——彭山发掘报告之一》[4]《四川崖墓》[5]等专著。同一时期，以梁思成、莫宗江先生等20世纪30年代调查、测绘应县木塔的工作为基础，他于1942年绘制完成了木塔1/20模型的图纸60余张[6]，又绘制学社调查汉阙模型图纸约50张。陈明达1943年离开营造学社，赴重庆任陪都建设委员会工程师、中央设计局研究员，参与重庆城市规划。新中国成立后，他主持设计、监督施工了西南局办公大楼和重庆市委办公大楼，在此期间还撰有《西南区的古建筑及研究方向》[7]一文。

---

4 陈明达：《崖墓建筑（上）——彭山发掘报告之一》，见张复合，贾珺：《建筑史论文集（17）》，北京，清华大学出版社，2003年，60-88页。
陈明达：《崖墓建筑（下）——彭山发掘报告之一》，见张复合，贾珺：《建筑史》，北京，清华大学出版社，2003（1），125-150页。

5 后佚失，《崖墓建筑——彭山发掘报告之一》曾提及此稿。陈明达：《崖墓建筑（上）——彭山发掘报告之一》，见张复合，贾珺：《建筑史论文集（17）》，北京，清华大学出版社，2003年，72页。

6 陈明达：《应县木塔》，北京，文物出版社，1980年，243页。

7 陈明达：《西南区的古建筑及研究方向》，载《文物参考资料》,1951(11)，106-113页。

其间，梁思成先生向文化部副部长郑振铎推荐陈明达到文物局任职，因西南局办公楼工程而推迟至1953年方成行。陈明达任文化部文物局业务秘书、文物处工程师，致力于全国古建筑、石窟寺类文物的研究与保护工作，参与拟定了《第一批全国重点文物保护单位名单》与《文物保护管理暂行条例》。其中，古建筑方面的工作成果可见于1953年发表的《海城县的巨石建筑》[8]《古建筑修理中的几个问题》[9]，1954年发表的《关于汉代建筑的几个重要发现》[10]《山西 —— 中国古代建筑的宝库》[11]以及与祁英涛等合写的《两年来山西省新发现的古建筑》[12]《山西省

---

8 陈明达：《海城县的巨石建筑》，载《文物参考资料》，1953（10），72-77页。

9 陈明达：《古建筑修理中的几个问题》，载《文物参考资料》，1953（10），78-87页。

10 陈明达：《关于汉代建筑的几个重要发现》，载《文物参考资料》，1954（9），91-94页。

11 陈明达：《山西 —— 中国古代建筑的宝库》，载《文物参考资料》，1954（11），93-96页。

12 祁英涛，杜仙洲，陈明达：《两年来山西省新发现的古建筑》，载《文物参考资料》，1954（11），37-84页。

古建筑修缮工程检查》[13]《山西省新发现古建筑的年代鉴定》[14]，1959 年中华人民共和国成立 10 周年发表的《建国以来所发现的古代建筑》[15]，1961 年发表的《褒斜道石门及其石刻》[16]《汉代的石阙》[17]。石窟寺方面则主要涉及三篇文章。两篇发表于 1955 年，其一为《四川巴中、通江两县石窟介绍》[18]，其二是整理赵正之、莫宗江、宿白、余鸣谦等勘察敦煌莫高窟的工作成果撰写成的《敦煌石窟勘察报告》[19]。还有一篇发表于 1959 年，即《关于龙门石窟修缮

---

13 祁英涛，陈明达，陈继宗，李良姣，律鸿年，李竹君：《山西省古建筑修缮工程检查》，载《文物参考资料》，1954（11），85-86 页。

14 祁英涛，陈明达，陈继宗，李良姣，律鸿年，李竹君：《山西省新发现古建筑的年代鉴定》，载《文物参考资料》，1954（11），87-89 页。

15 陈明达：《建国以来所发现的古代建筑》，载《文物参考资料》，1959（10），37-43 页。

16 陈明达：《褒斜道石门及其石刻》，载《文物》，1961（4/5），57-61 页。

17 陈明达：《汉代的石阙》，载《文物》，1961（12），9-23 页。

18 陈明达：《四川巴中、通江两县石窟介绍》，载《文物参考资料》，1955（1），32-68 页。

19 赵正之，莫宗江，宿白，余鸣谦，陈明达：《敦煌石窟勘察报告》，载《文物参考资料》，1955（2），39-70 页。

问题》[20]。同时期，结合上述两方面的业务工作，还著有《漫谈雕塑》[21]和《保存什么？如何保存？——关于建筑纪念物保存管理的意见》[22]《再论"保存什么、如何保存"》[23]等文章。另外，在 20 世纪 50 年代上半期，他与大木匠师路鉴堂等合作，以此前绘制的应县木塔图纸为基础，指导了木塔模型的制作[24]。

从 20 世纪 50 年代后半期开始，陈明达参与了两项研究中国建筑的集体工作。起先，受梁思成先生委托，陈明达于 1956 年参加编纂《中国建筑》[25]图集，并撰写前言，进而遵从梁先生建议，将篇幅较长的前言初稿以《中国建筑

20 陈明达：《关于龙门石窟修缮问题》，载《文物参考资料》1959（3），30-34 页。

21 陈明达：《漫谈雕塑》，载《文物参考资料》，1955（2），102-108 页。

22 陈明达：《保存什么？如何保存？——关于建筑纪念物保存管理的意见》，载《文物参考资料》，1955（4），6-10 页。

23 陈明达：《再论"保存什么、如何保存"》，载《文物参考资料》，1957（4），66-70 页。

24 陈明达：《应县木塔》，北京，文物出版社，1980 年，243 页。

25 中国科学院土木建筑研究所，清华大学建筑系：《中国建筑》，北京，文物出版社，1957 年。

概说》[26] 为题另作专文发表。而后，又在 60 年代初参加了刘敦桢先生主编的《中国建筑简史》和《中国古代建筑史》数稿的编写、修订工作[27]，并于 1963 年发表了《对〈中国建筑简史〉的几点浅见》[28]。

1961 年，陈明达调任文物出版社编审，负责审定古建筑、石窟寺两类书稿。他选定应县木塔和巩县石窟寺分别作为这两类全国重点文物保护单位全面记录性图录的试点，随后亲赴现场进行考察、测绘，撰写研究论文，并于"文革"前先后完成和出版了《巩县石窟寺》[29] 和《应县木塔》[30] 两部专著。这一时期，以《应县木塔》为起始，陈

---

26 陈明达：《中国建筑概说》，载《文物参考资料》，1958（3），14-25 页。

27 国家建委建筑科学研究院：《〈中国古代建筑史〉的编写过程》，见刘敦桢：《中国古代建筑史》，北京，中国建筑工业出版社，1984 年，422-423 页。

28 陈明达：《对〈中国建筑简史〉的几点浅见》，载《建筑学报》，1963（6），26-28 页。

29 河南省文化局文物工作队：《巩县石窟寺》，北京，文物出版社，1962 年。

30《应县木塔》，北京，文物出版社，1966 年。《巩县石窟寺》与《应县木塔》二书 20 世纪 60 年代出版时均未署主要作者之名，"文革"后《应县木塔》再版时落实知识分子政策方写作"陈明达编著"。

明达制定了包含约 30 个专题的中国建筑史研究计划。

　　"文革"开始，研究工作中断。1970 年陈明达夫妇被下放至湖北咸宁。1973 年返京后，陈明达调任中国建筑科学研究院建筑历史研究所研究员，恢复研究工作，开始撰写《周代城市规划杂记》[31]，并与贺业钜、莫宗江先生探讨中国古代城市规划问题；其后，又与预应力混凝土结构专家杜拱辰先生合作，于 1977 年发表了《从〈营造法式〉看北宋力学成就》[32]。同时，他还承担了《中国古代建筑技术史》一书战国至北宋木结构建筑技术部分的撰写工作，后来，又将此稿修改补充为《中国古代木结构建筑技术（战国——北宋）》[33] 于 1990 年出版。1978 年，陈明达补写了新版《应县木塔》的《附记》，并撰写完成了《营造法式大木作研究》，两书于 1980、1981 年先后

31　陈明达：《周代城市规划杂记》，见张复合：《建筑史论文集（14）》，
　　北京，清华大学出版社，2001 年，57-70 页。

32　杜拱辰，陈明达：《从〈营造法式〉看北宋的力学成就》，载《建筑
　　学报》，1977（1），42-46，36 页。

33　陈明达：《中国古代木结构建筑技术（战国——北宋）》，北京，文
　　物出版社，1990 年。

出版[34]。20 世纪 80 年代初，陈明达为天津大学建筑系、清华大学建筑系、中国艺术研究院等院校的研究生授课。1984年，在蓟县独乐寺重修千年之际，陈明达写成《独乐寺观音阁、山门建筑构图分析》[35]，后来又扩充为《独乐寺观音阁、山门的大木制度》。同年，为其指导的王天所著《古代大木作静力初探》[36] 作序，又为井庆升《清式大木操作工艺》[37]撰写前言。

20 世纪 80 年代前半期，陈明达撰写、发表了两篇对中国建筑史研究极具指导意义的文章，其一是 1981 年为庆祝《文物》发刊 300 期而作的《古代建筑史研究的基础和

---

34 陈明达：《应县木塔》，北京，文物出版社，1980 年。陈明达：
　　《营造法式大木作研究》，北京，文物出版社，1981 年。后者再版
　　易名为《营造法式大木作制度研究》，本文暂遵首次出版书名的
　　写法。

35 初名为《独乐寺两建筑的构图分析》，作为"独乐寺重建一千周年纪
　　念论文"发表但未公开出版，后收入文物出版社编辑部：《文物与考
　　古论集 —— 文物出版社三十年纪念》，北京，文物出版社，1986 年。

36 王天：《古代大木作静力初探》，北京，文物出版社，1990 年。

37 井庆升：《清式大木操作工艺》，北京，文物出版社，1985 年。

发展》³⁸，其二是 1986 年发表的《纪念梁思成先生八十五诞辰》³⁹。20 世纪 80 年代后半期，陈明达主持了一系列关于古代建筑、石窟寺著作的组稿、撰稿和编审工作，主要包括：主编"中国古代建筑研究"丛书并为其组稿，主持《中国大百科全书·建筑、园林、城市规划卷》⁴⁰中"中国建筑史"分科的编写，参加《中国石窟·巩县石窟寺》⁴¹的编审，主编《中国美术全集·巩县、天龙山、响堂山、安阳石窟雕刻卷》⁴²并撰写卷首论文《北朝晚期的重要石窟艺术》，至 20 世纪 90 年代还抱病审阅《四川汉代石阙》⁴³书

---

38 陈明达：《古代建筑史研究的基础和发展——为庆祝〈文物〉三百期作》，载《文物》，1981（5），69-74 页。

39 陈明达：《纪念梁思成先生八十五诞辰》，载《建筑学报》，1986（6），14-16 页。

40 中国大百科全书出版社编辑部：《中国大百科全书·建筑、园林、城市规划卷》，北京，中国大百科全书出版社，1988 年。

41 河南省文物研究所：《中国石窟·巩县石窟寺》，北京，文物出版社，1989 年。

42 《中国美术全集》编辑委员会：《中国美术全集·巩县、天龙山、响堂山、安阳石窟雕刻卷》，北京，文物出版社，1989 年。

43 重庆市文化局，等：《四川汉代石阙》，北京，文物出版社，1992 年。

稿。1987 年从中国建筑科学研究院建筑历史研究所退休后，他继续进行学术研究，包括撰写《中国古代木结构建筑技术（南宋至明、清）》[44]《〈营造法式〉研究札记》[45]《〈营造法式〉辞解》等，直至 1995 年方因年迈终止写作。

纵观陈明达先生的一生，未及弱冠即入营造学社跟从梁思成、刘敦桢先生学习和研究中国建筑，直至耄耋之年仍研精覃思、笔耕不辍，前后越一甲子，即使是在 20 世纪40、50 年代从事城市规划、建筑设计实践期间，也坚持学术研究，60 余年如一日，将一生都献给了研究中国建筑的事业，他的学术成果不仅是我们这个时代认知中国建筑的宝贵财富，也成为后来者继续前进的坚固基石。

关于自己的学术历程，陈明达先生在 1980 年自己总结为三个阶段：第一个阶段着重实物的调查、测绘，积累感性认识，这是在 30 岁之前；第二个阶段始于而立之年，主

---

44 陈明达：《陈明达古建筑与雕塑史论》，北京，文物出版社，1998 年，217-238 页。

45 陆续整理发表于张复合：《建筑史论文集（12）》，北京，清华大学出版社，2000 年，31-41 页。贾珺：《建筑史（22）》，北京，清华大学出版社，2006 年，1-19 页。贾珺：《建筑史（23）》，北京，清华大学出版社，2008 年，10-32 页。

要是在建筑设计工作之余，深入、系统研读《营造法式》，打下理性认识的基础；第三阶段则开始综合前两阶段的成果，取得跃进，这是在中年以后。令人遗憾的是，由于"文革"前后停顿了10余年，所以陈明达先生计划在第三个阶段研究的约30个专题，最后及身完成的仅有《应县木塔》《营造法式大木作研究》《独乐寺观音阁、山门的大木制度》等寥寥数种，而这些著作也是陈先生最重要的学术成果。

二、《辞解》的写作背景

总览陈先生毕生著述，有一条主线贯穿其中，这就是对研究中国建筑的"必不可少的参考书"[46]——《营造法式》的深入研究。不论是反映古建筑初步调查成果的描述性报告，如《两年来山西省新发现的古建筑》《敦煌石窟勘察报告·窟檐概况》，还是深入建筑设计层面的个案研究，如《应县木塔》和《独乐寺观音阁、山门的大木制度》，或是像《中国古代木结构建筑技术》这样跨越时代和地域、针对中国建筑整体的通论性著作，更毋论主题与《营造法式》直接相关的《从〈营造法式〉看北宋的力学成就》《营造法式大

---

46 梁思成先生在《〈营造法式〉注释》的《序》里所说。

木作研究》等专著，可以说，陈先生的学术人生就是孜孜不倦地解读《营造法式》、探究中国建筑史的一生，他在梁思成、刘敦桢等先贤开创的道路上躬行践履，掀开了一页又一页崭新的学术篇章。正如傅熹年先生所评介："对《营造法式》的研究是陈先生在建筑史研究上的最杰出的贡献。"[47]

因此，陈先生遗稿中最完整的两部都与《营造法式》相关也就在情理之中了。虽然陈先生未能完成计划研究的30个专题，是学界的重大损失，但他却留下了数万言的研究《营造法式》的札记和包含千余词条的《〈营造法式〉辞解》，都极具学术价值。其中，《〈营造法式〉研究札记》文字已整理发表。其内容及整理情况请读者查阅原书及殷力欣先生所撰附记[48]，这里不再赘述，仅将《辞解》的情况略作介绍。

《辞解》原稿写于16开信纸上，每页400格，共109

---

47 傅熹年：《序》，见陈明达：《陈明达古建筑与雕塑史论》，北京，文物出版社，1998年。

48 贾珺：《建筑史（23）》，北京，清华大学出版社，2008年，31-32页。

页，总计1105个词条，42000余字。词条依首字笔画数为序，自两划的"入"字始，至33划的"虪"字终，其间于笔画变更处皆前后空行居中标出"三划""四划"……诸如此类。词条的名称都用下划线标出，以示与释文的区别。如："<u>坐面版</u> 佛道帐等帐坐上平铺的版。"原稿又多在词条释文末尾的右侧页边，用小字注出该词条在《营造法式》原文出现的卷数。如：

"<u>曲脊</u> 九脊殿两山出际之下，搏风版以内的屋脊。_{卷五 109}"

其中，"卷五"在上，"109"在下，分居两行。陈先生晚年研究多用商务印书馆影印"万有文库"的四册《营造法式》（即所谓"小陶本"）作为工作本，这里的"卷五109"指的就是"曲脊"这一词条出现在小陶本的第五卷、该册的第109页。注明出处的在全稿前后各处有所不同，总的来说有三类。首先，从开头到三划"上华版"，各词条均出注；接下来直到原稿52页"马面"，则并非逐条标出，间有省略；再往后，到原稿第59页十划的最后一个词条"起突卷叶华"，这部分词条末尾注出卷数者就越来越少，往往每页仅有一条甚至空缺。十一划以后的部分，约占全文篇幅的一半，除了"阶唇"一条外，皆未注明卷数。依照这些标注一一查核原文，可发现相当一部分情况都是关涉该词条含义或详细做法的语句。

原稿中文字的写法基本依照仿宋的陶本，尤其是词条名称以及释文中所涉的《营造法式》原文词、句，遵从较为严格。同时，也存在使用异体字、简化字和前后用字不一致的情况。数字的写法有两种情况。在意为材份数的"分"之前表示有多少份的数字，以及上文提到在页边标注的原书页码，基本都写成阿拉伯数字；其他的数字均写成汉字。另外，原稿中还存在几个词共享一条释文的做法。将几个词（大多为两个词）并列，两词之间以顿号间隔或后一词加括号，共享同一条释文。这样的做法有两种情况，一种是几个词的意义相同或相近，故系于一条解释。如：

"盆唇、盆唇木　钩（勾）阑寻杖下方的通间长构件，上坐瘿项云栱以承寻杖，下接蜀柱。木制者名盆唇木。卷三63，卷八176"

另一种情况是几个词同类，释文仅指出其所属的类别，未作进一步区分，故放在一起解释。如：

"水地鱼兽、水地云龙　石作雕刻纹样之一，用于柱础。卷十六126"

有很多词条，也是含义相近，但却未采取这种并列共出一条释文的形式，而是都单独列出一个词条，在释文中说明含义互见。如："版引檐 即引檐，详引檐条。"

值得一提的是，《辞解》中有不少表示对象名称的词条，释文都称"做法不详""形制不详"或"形制及用途不详"。如"芙蓉瓣"一条，释文作"经藏、转轮藏以及佛道帐等均作芙蓉瓣造。其形制不详"。再如"平棊（棋）钱子"一条，释文为"佛道帐上的名件，其形制不详"。更有"皇城内屋"一条，仅列词名，释文则尚付阙如，仅于右侧页边注"卷二十五 50"[49]。

以上是《辞解》原稿的大致情况，因其未在陈先生生前发表，也没有像《应县木塔》再版的《附记》或是《营造法式大木作研究》的《绪论》那样有由作者亲自撰写

---

49 虽然由于相应的专门研究尚未开展，陈先生撰写《辞解》时未能给出包含具体描述的详细释文，但是列出这些词条本身实际上就是极为重要的研究成果。正是在陈先生的提示下，我们在学习整理《辞解》过程中，尤其是实地调查测绘时，特别留意探究这些词条的含义，并取得了一系列发现，总算没有辜负陈先生的期望。如上文提到的"芙蓉瓣"和"平棊钱子"，就分别在晋城二仙庙大殿殿内宋代小账、长子县崇庆寺大殿宋代小账以及大同下华严寺薄伽教藏殿的壁藏天宫等处发现了与《营造法式》较为契合的实例。

的介绍本书写作缘由、论述主旨以及研究方法之类的文稿存世，故作为整理者，仅就我们历年学习整理所得到的一些认识略述于此，供读者参考。

《辞解》编写的缘由有两条线索，其一是编写建筑词典，其二是研究《营造法式》，特别是对其名词术语的解读。

首先说第一条线索。从名称、内容、体例等方面看，《辞解》继承了梁思成先生20世纪30年代初研究清代建筑及工部《工程做法》编写《清式营造辞解》的做法。梁先生在为1932年3月脱稿的《清式营造则例》作的《序》中写道：

"清式营造专用名词中有许多怪诞无稽的名称，混杂无序，难于记忆，兹选择最通用者约五百项，编成《辞解》，并注明图版或插图号数，以便参阅。"[50]

事实上，早在营造学社成立之前的民国八年（1919年），后来成为学社创办人兼研究主要策划者的朱启钤先生在倡议重印新发现的丁本[51]《营造法式》时，即认为此书卷首之

---

50 梁思成：《清式营造则例·序》，北京，中国营造学社，1934年，2页。

51 现存《营造法式》的几种版本，名称已为学界熟知，包括较为完整的丁本（石印本）、张本、故宫本、陶本和文渊阁、文溯阁、文津阁等几种四库全书本，以及不完整的南宋刊本（绍兴本、绍（转下页）

《总释》"允为工学词典之祖"[52]，对此书的发现以及如此的定位也成为其矢志不渝研究中国建筑的重要契机。从此以后，以《营造法式》为先导，编纂中国营造用语的词典即作为一大研究要务一直深受其关注[53]。1925 年，陶湘受朱先生嘱托主持校勘、刊印仿宋本《营造法式》（即陶本），朱先生为陶本撰写《重刊〈营造法式〉后序》，特别提到：

（接上页）定本）《永乐大典》抄录的部分（永乐大典本）等。《营造法式》的版本，自朱启钤先生倡刊石印本以来即成为研究《营造法式》的重要问题。其中具有代表性的成果有如下几种。

谢国桢：《〈营造法式〉版本源流考》，载《中国营造学社汇刊》，1933，4（1），1-14 页。

陈仲篪：《〈营造法式〉初探》，载《文物》，1962（2），12-17 页。

李致忠：《影印宋本〈营造法式〉说明》，见李诫：《营造法式（影印北京图书馆藏南宋刻本，古逸丛书三编之四十三）》，北京，中华书局，1992 年，1-10 页。

傅熹年：《介绍故宫博物院藏钞本》，见《傅熹年建筑史论文选》，北京，百花文艺出版社，2009 年，492-495 页。

52 朱启钤：《序》，见李诫：《营造法式（陶本）·第四册·附录》，重印本，北京，商务印书馆，1954 年，246 页。

53 这部分背景及有关学者对《营造法式》研究的情况，参看王其亨教授指导，成丽撰写《宋〈营造法式〉研究史初探》，天津，天津大学，2009 年。

"亟应本此[54]义例，合古今中外之一物数名及术语名词，续为整比，附以解图，纂成《营造辞典》。"[55]

尤其到了 1929 年、1930 年营造学社成立前后，朱先生更是一再强调此事的重要性。如在 1929 年 3 月为文昭示学社旨趣时说道：

"中国之营造学，在历史上，在美术上，皆有历劫不磨之价值。启钤自刊行宋李明仲《营造法式》，而海内同志，始有致力之涂辙……营造所用名词术语，或一物数名，或名随时异，亟应逐一整比，附以图释，纂成《营造词汇》……"[56]

阐明学社任务时又将编纂《营造词汇》列在计划的第一项"属于沟通儒匠、浚发智巧者"之中：

"学社使命，不一而足……一、属于沟通儒匠、浚发智巧者……纂辑《营造辞汇》，于诸书所载，及口耳相传，一切名词术语，逐一求其理解。制图摄影，以归纳方法，整理成书。期与世界各种科学辞典，有同一之效用。"[56]

---

54 即《营造法式》。

55 朱启钤：《重刊〈营造法式〉后序》，见李诚：《营造法式（陶本）第一册·序目》，重印本，北京，商务印书馆，1954 年，4 页。

56 朱启钤：《中国营造学社缘起》，载《中国营造学社汇刊》，1930，1 (1)。

同年 6 月致信"中华教育文化基金董事会"介绍学社未来的研究设想时，再次重申这一计划[57]。

到了 1930 年 2 月 16 日，在学社于北平举行开幕会议时发表演讲言及近期即将完成的研究成果，亦首推《营造辞汇》一书：

"草创之际，端绪甚纷……今兹所拟克期成功，首先奉献于学术界者，是曰《营造词汇》。是书之作，即以关于营造之名词，或源流甚远，或训释甚艰，不有词典以御其繁，则征书固难，考工亦不易。故拟广据群籍、兼访工师，定其音训、考其源流，图画以彰形式，翻译以便援用。立例之初，所采颇广，一年后当可具一长编，以奉教于世当专门学者。"[58]

学社正式成立以后，整理《营造法式》与编纂《词汇》

---

57 朱启钤：《十八年六月三日致中华教育文化基金董事会函》，载《中国营造学社汇刊·社事纪要》，1930，1（1）。

58 朱启钤：《中国营造学社开会演词（附英译）》，载《中国营造学社汇刊》，1930，1（1）。原文题作《开会演词》，据其演讲内容和其他述及此段学社筹备历史的有关材料，以及原文所附英文译作 *inaugural address* 综合看来，这里的"开会"实际上就是营造学社的开幕典礼。

的工作都同时展开[59]。正如负责编纂《词汇》工作的阚铎所说："中国营造学社，以纂辑《营造词汇》，为重要使命。"[60]

从 1930 年 9 月开始，每星期举行两次例会商讨编纂事宜，继而又为加快进度自 1931 年 2 月改为每周 3 次，并决定先就清工部《工程做法》详细研究。又由阚铎搜集了解日本编纂营造辞典类工具书的工作成果，还专程去日本考察，访问有关人士、旁听工作会议并获赠工作资料若干。然"九一八"后，时局、人事多有变迁，编纂《词汇》一事终未告竣。幸运的是，梁、林两位先生开始参加学社工作后，即将其中部分工作接续了下来，并于 1932 年（也就是陈明达先生入营造学社当年）3 月写就了《清式营造则例》及其所附的《辞解》与《尺寸表》。这前后的承继关系，梁先生在为《清式营造则例》出版所做的《序》里写得再清楚不过：

　　"我在这里要向中国营造学社社长朱桂辛先生表示我

59《中国营造学社汇刊·社事纪要》，1930，1（2）。

60 阚铎：《〈营造词汇〉纂辑方式之先例》，载《中国营造学社汇刊》，1931，2（1）。

诚恳的谢意，若没有先生给我研究的机会和便利，并将他多年收集的许多材料供我采用，这书的完成即使幸能实现，恐怕也要推延到许多年月以后。"[61]

综上所述，以《营造法式》为先导，编纂一部中国建筑词典，是朱启钤先生创办营造学社时的初衷，虽未能告竣，但由梁思成先生接续，先围绕工部《工程做法》等清代材料，整理出《清式营造辞解》。所以，陈明达先生的《〈营造法式〉辞解》实际上所直接承继的正是朱启钤、梁思成先生等人所开创的编纂《营造词汇》这一事业，这是了解《辞解》缘由的第一条线索。

再说第二条线索。《营造法式》名词术语多非习见词汇，所以，自朱启钤先生发现并倡刊石印本之初即成为研读《营造法式》的一大难题。梁思成先生初读陶本《营造法式》，即目之为"天书"[62]。法国汉学巨擘戴密微（Paul Demiéville）在石印本出版后不久著长文评介，所涉词目仅数十条，详加讨论者不过"斗八""棂星门""飞仙"及"迦陵频伽"

---

61 梁思成：《清式营造则例·序》，北京，中国营造学社，1934 年，3 页。

62 梁思成：《〈营造法式〉注释（上卷）·序》，北京，中国建筑工业出版社，1983 年。

等数种[63]。朱启钤先生亦称"未尝不于书中生僻之名词、讹夺之句读,兴望洋之叹"[64]。故探究这些词汇的含义成为解读《营造法式》的首要任务。朱启钤先生与陶湘等在为出版"陶本"校勘时就已经做了不少工作,营造学社甫一创建更将其列为学社研究计划之重点,在给中华教育文化基金会第一次工作报告介绍成立以来的工作进展时,就将"改编《营造法式》为读本"列在第一项:

"《营造法式》自民国十四年(1925年)仿宋重刊以来,风行一时。而原书以制度、功限、料例诸门为经,以各作为纬,读者每苦其繁复,图说分离,更难印证,字句古奥,索解尤不易。兹因讲求李书读法,先将全书覆校,成《校记》一卷,计应改、应增、应删者一百数十余事。次将全书悉加句读,又按壕寨、石作、大木作、小木作、窑作、砖作、瓦作、泥作、雕木作、旋作、锯作、竹作、彩画作等为纲,以制度、功限、料例,及用钉料例、用胶料例、图样等为目,

---

63 戴密微:《法人德密那维尔评宋李明仲〈营造法式〉》,唐在复,译,载《中国营造学社汇刊》,1931,2(2)。

64 朱启钤:《中国营造学社开会演词(附英译)》,载《中国营造学社汇刊》,1930,1(1)。

各作等第用归纳法按作编入，取便翻检。不惟省并篇幅，且如史家体例，改编年为纪事本末，期于学者融会贯通，其中名词有应训释或图解者，择要附注，名曰《读本》，现在工作中。"[65]

与前述编纂《营造词汇》的情况类似，这一改编《读本》的工作自 1931 年秋季以后亦为梁思成先生等接续，并将书名改拟为《〈营造法式〉新释》，着力有年。梁先生加入营造学社之第二年，即赴现场相继调查平东三辽构，将《营造法式》与实物相比对，借以在认知建筑作品的同时了解《营造法式》相关内容的含义，进而总结不同时代的建筑风格特点，更是开出了解读《营造法式》、找寻早期建筑和建构中国建筑史这三位一体的学术新天地。例如，梁先生在研究独乐寺山门时比对实物与《营造法式》，写道：

"华栱二层，其上层跳头施以令栱，已于上文述及；然下层跳头，则无与之相交之栱，亦为明清式所无。按《营造法式》卷四《总铺作次序》中曰：

'凡铺作逐跳上安栱谓之'计心'，若逐跳上不安栱，

---

65 《中国营造学社汇刊·社事纪要》，1930，1（2）。

而再出跳或出昂者谓之'偷心'。"

山门柱头铺作，在此上点适与此条符合，'偷心'之佳例也。"[66]

又云：

"《营造法式》卷五侏儒柱节又谓：

'凡屋如彻上明造，即于蜀柱之上安斗，斗上安随间襻间，或一材或两材。襻间广厚并如材，长随间广。出半栱在外，半栱连身对隐。'

'彻上明造'即无天花。柱上安斗，即山门所见。襻间者，即清式之脊枋是也。今门之制，则在斗内先作泥道栱，栱上置襻间。其外端作栱形，即'出半栱在外，半栱连身对隐'之谓欤？"[66]

如此种种，通篇不一而足。故梁先生同年在广济寺三大士殿的调查报告中说：

"关于（《营造法式》）专门名辞的定义，在本刊三卷二期拙著《蓟县独乐寺观音阁山门考》一文内，已经过一番注解，其势不能再在此重述。所以读者若在此点有不明了处，

---

66 梁思成：《蓟县独乐寺观音阁山门考》，载《中国营造学社汇刊》，1932，3（2）。

唯有请参阅前刊，恕不在此解释了。"[67]

就在蓟县、宝坻调查的当年，朱启钤先生在依例写给中华教育文化基金会的工作报告中提到梁思成、刘敦桢正在撰写并即将发表的《〈营造法式〉新释》：

"《营造法式》为我国建筑最古之颛书……前经鄙人与陶兰泉先生校正重刊，近社员梁思成君援据近日发现之实例佐证，经长时间之研究，其中不易解处，得以明了者颇多。梁君正将研究结果，作《〈营造法式〉新释》，预定于明春三月，本社《汇刊》四卷一期中公诸同好。其琉璃彩画则由刘敦桢君整理注释，一并付刊。"[68]

接下来两年，《新释》工作进展一直在《汇刊》及时公布[69]，其完成出版似箭在弦上。但时局之大变故严重影响了学社既定计划之实施，包括工作重心的调整及次序之改变，《汇刊》及各种专著出版之推延，概莫能外。如学社在

---

67 梁思成：《宝坻县广济寺三大士殿》，载《中国营造学社汇刊》，1932，3（4），20页。

68 朱启钤：《二十一年度上半期工作报告》，载《中国营造学社汇刊·本社纪事》，1932，3（4），132页。

69 《中国营造学社汇刊·本社纪事》，1933，4（1）。《中国营造学社汇刊·封二》，1933，4（1）。《中国营造学社汇刊·本社纪事》，1934，5（2）。

1933 年夏天申明的：

"（《汇刊》）第四卷第一期原定本年三月底出版，讵意易岁以还，强邻压境，时局恶化，莫可端倪。其时故都文化机关，纷纷南迁。本社研究工作虽未中辍，然多年收集之贵重图书标本，势不能不移藏安全地点，社员工作，因之略为迟钝，已成之稿，亦不能按期付刊，致第一期出版日期，约迟三月有余，劳海内同好，远道缄询，殊深惭仄，特此道歉，诸希亮原。"[70]

《新释》还是和《词汇》一样，未能如期出版，而由梁先生等继续修改完善，经历 20 世纪 30、40 年代，最终在梁先生身后方由清华大学建筑系莫宗江、楼庆西、徐伯安、郭黛姮等先生整理完稿，于 1983 年出版。国内的一些学者又在此基础上继续进行了系统的研究，其代表成果如陈明达先生的《营造法式大木作研究》[71]，以及后来收入《梁思成全集》第七卷的主要由徐伯安先生整理编成的《〈营造法式〉

---

70 《中国营造学社汇刊·本社纪事》，1933，4（1），148 页。

71 需要指出的是，虽然《营造法式大木作研究》是在《〈营造法式〉注释》之前两年出版，但从学术理路上看，实际是后者的继续。这一点陈先生自己在《营造法式大木作研究》的《绪论》中说得非常清楚。

注释》（上、下卷）[72]，还有东南大学潘谷西先生所著《〈营造法式〉解读》[73] 等。

简言之，对《营造法式》的注释与解读工作是由朱启钤先生倡导并身体力行，而后梁思成、刘敦桢先生应邀加入并成为这一工作的中坚，从《读本》到《新释》以至《注释》（上卷），陈明达先生不仅亲自参与了前期的工作，而且还承接了这一历史责任与学术使命，这是《辞解》写作缘由的第二条线索。[74]

《辞解》撰于陈先生研究岁月的最后几年，堪称陈先生对《营造法式》认识的总结，其 1100 余个词条涵盖了《营造法式》包含的所有 13 个工种，制度、功限、料例、等第

---

72 梁思成:《梁思成全集·第七卷》，北京，中国建筑工业出版社，2001年。

73 潘谷西，何建中:《〈营造法式〉解读》，南京，东南大学出版社，2005 年。

74 需要特别指出的是，1981 年出版的《营造法式大木作研究》篇末《绪论》《总结》及《附录：宋营造则例大木作总则》的英译结尾列出了这几部分涉及的 162 词条，而且对于其中大部分与《营造法式》大木作有关的名词都给出了解释。虽然仅有英文版，但其原文应是陈先生所作。这部分内容实际上与《辞解》的性质是一样的。

及图样等各方面的内容，其数量之大、涉及范围之广，在已有的系统研究《营造法式》的著作中是罕见的[75]。在此仅围绕陈先生对《营造法式》的研学历程略陈史料若干，以备读者了解《辞解》具体的研究与写作背景之需。像《营造法式大木作研究》这样的专著学界已经比较熟悉，故侧重于一些并非与《营造法式》直接相关的著作以及陈先生生前未曾发表的文稿。

其一，精熟原书。陈先生对《营造法式》原书的熟悉程度令人惊叹，从《辞解》涵盖内容之广、词条抽析之精细即可见一斑。早在入营造学社之初，他就曾抄录过一部

---

[75] 如前述，梁先生新中国成立后研究《营造法式》的主要助手徐伯安、郭黛姮先生在梁先生逝世 10 周年之际发表的《宋〈营造法式〉术语汇释（壕寨、石作、大木作制度部分）》，总计 455 个词条，未及包括小木作以后的部分，见清华大学建筑系：《建筑史论文集（6）》，北京，清华大学出版社，1984 年，1-79 页。

潘谷西先生《〈营造法式〉解读》涉及内容更广，所附《宋代建筑术语》包含各作工种共 734 条，见潘谷西，何建中：《〈营造法式〉解读》，南京，东南大学出版社，2005 年，242-266 页。

日本学者竹岛卓一的《营造法式的研究》所附《用语解说》所收中国建筑术语有关的词条达 2500 余条之多，但并非全部是《营造法式》之辞汇，见竹岛卓一：《营造法式の研究·第三册·用语解说》，東京，中央公論美術出版，1997 年。

完整的《营造法式》，包括文字与图样的全部内容都依陶本完整抄录，而且还将刘敦桢先生等当时以"故宫本"等各本校勘文字部分的识语也完整录入，图样部分则以丁本对校。这无疑为其后来研究《营造法式》打下了坚实的基础。一直到后期的研究中，陈先生始终关注原书基本信息的厘清。如针对《营造法式》是否完本的问题，曾经依照李明仲自云篇数条目的思路，将今本各相关项逐条加以统计，开辟了重要的研究思路。我们在整理学习陈先生遗稿的过程中也正是遵循这样的方法，经初步研究得到了传世本为完本的可靠结论 [76]。

其二，提出新的概念，推动研究深入。

以 20 世纪 40 年代完稿的《崖墓建筑 —— 彭山发掘报告之一》为例，陈先生在研究崖墓建筑仿木构而建的梁枋枓柱时，即自觉运用了《营造法式》的相应名词概念，直接以"大木作"为纲，第一次系统提出了"材份制度"的概念，这与同时期梁思成先生在撰写《中国建筑史》时指明《营造法式》中"材"的度量单位的作用，以及日趋标

---

76 王其亨，成丽：《传世宋〈营造法式〉是否完本？ ——〈营造法式〉卷、篇、条目考辨》，载《建筑师》，2009（3），106-115 页。

准化的中国木结构建筑权衡比例均以"材"为度量单位的看法是一致的。

其三，日益成熟的利用《营造法式》的术语简洁确切地描述和研究建筑实物。

陈先生曾在 20 世纪 80 年代继续研究独乐寺时，追忆起梁先生等最初对独乐寺的研究，饱含深情地说：

"现在我们终于对这种结构形式有了进一步的认识，并和《法式》中的'殿堂'结构对上了号，总算没有辜负梁先生的期望，并且可以利用《法式》的术语，对这两个建筑物做出简明、确切的描述了。"[77]

事实上他也确实做到了这一点。接下来，他仅用寥寥几十个字就将独乐寺山门结构形式的主要特点勾画了出来：

"（山门）地盘三间四架椽，四阿屋盖。身内分心斗底槽，用三等材。殿身外转五铺作出双抄，偷心造，里转出两跳。"[77]

这描述相比梁先生当年报告的篇幅精简至数十分之一，而实现这一点用去了整整半个世纪。若回顾 20 世纪 50 年

77 陈明达：《独乐寺观音阁、山门的大木制度（上）》，见张复合：《建筑史论文集（15）》北京，清华大学出版社， 2002 年，72 页。

代以来的一系列研究成果，对这一过程可以有更清晰的认识。如描述南禅寺大殿铺作细节：

"铺作上不用衬方头，正面铺作第一跳华栱后承于四椽栿下，第二跳华栱后尾即四椽栿。四椽栿是足材，第二跳华栱也是足材。四椽栿上单材缴背即伸出作耍头。山面铺作内外都出华栱两跳，第二跳用单材，其上单材札牵即伸出作耍头。在转角铺作交角斜华栱内外皆出华栱二跳及耍头。"[78]

描述延庆寺大殿特征：

"大殿歇山顶三间六架椽，总面阔约 13 米，平面略近正方形。用五铺作单抄单下昂偷心单栱造，每间各用补间铺作一朵，正面山面明间补间铺作并用 45 度斜栱，柱头用阑额及普拍枋。柱头铺作后尾出三跳华栱上承六架椽，栿作月梁造，在下平槫缝下置方木承坐斗素枋及下平槫，更不用四椽栿。在上平槫缝下用较高之驼峰承斗口跳及平梁。平梁头下至六椽栿背外端用了一根通长两椽的托脚木。平梁上至脊槫用叉手，蜀柱下用角背。山面柱头铺作上出丁栿，栿尾在

---

78 陈明达：《两年来山西省新发现的古建筑》，载《文物参考资料》，1954（11）。

六椽栿背上，因此这根丁栿是逐渐向上斜起的，而铺作第三跳华栱上就不得不再垫上一块单材方木。"[78]

描述莫高窟窟檐建筑：

"第 427 号窟三间，八角形柱，无普拍枋，斗栱六铺作三抄单栱造，栱的比例较短，第三跳头不用令栱，华栱直承于替木下。出檐短而举折平，至角不起翘。第二跳华栱至内出为足材三椽栿，第三跳华栱至内出为单材三椽草栿。第二跳角华栱内出递角栿与三椽栿相交于第二槫缝下。第一跳罗汉枋通过转角铺作华栱中心上，不与角栱相交。第二跳罗汉枋一端过角栱心止于替木里皮。"[79]

言及莫高窟窟檐的彩画：

"第 427 窟的彩画是最完整的，它以朱色为主，而在结构的关键部分则用青绿。柱用朱柱头，柱中用青绿束莲，在门额、窗额和立颊的中段，和次间下层的阑额、窗额和腰串与柱相交接处也都用青绿束莲。斗栱多以绿色、白色的斗和红地杂色花的栱相配合，但仍以朱为主色。栱端的卷杀部分用赭色画一工字，绿色的斗均为纯绿色，白色的斗则在白色上密布小红点。第二层横栱以上的柱头枋外缘道

---

79 陈明达：《敦煌石窟勘察报告》，载《文物参考资料》，1955 (2)。

用朱色，中间用白地，用朱色宽线道分为细长的横格。梁两端有细狭的菰头，梁身外侧均有缘道，身内作海石榴花。椽两端及中腰亦画束莲，均以红色为主，青绿为花。椽当望板上画佛像或卷草纹。所有木材之间的壁面，则全部为白色。"[78]

到了写作《应县木塔》时，不管是描述木塔的保存现状，还是探讨原状和建筑设计问题，运用《营造法式》的石作、大木作、小木作、瓦作、砖作、彩画作等有关词汇，已相当纯熟自如，于此不再赘述。

其四，陈先生还注重从设计、施工的实际出发，并且联系科技史的背景，去解读《营造法式》的内容，获得真知后又反过来用于更深入的理解相应的设计、施工的问题。这方面最典型的例子当属对《营造法式》体现的模数制即材份制的研究，对北宋时期力学成就的研究，以及对木塔、观音阁、山门建筑设计方法的研究等，均已为学界所熟知。于此再举两例。一个是以考古发现的施工遗迹为线索，分析《营造法式》的制度渊源：

"我们对于古代建筑的施工方法，向来知道得很少。1950 年辉县第一次发掘中，在固围村第三号墓发现了夯土的施工遗迹。当时施工者是在夯土边上用绳索拦着木板，绳索另一端系着固定在土层内的木橛上，然后布土打夯。这一发掘不但解决了大面积夯土如何施工的问题，而且也解决了宋《营造法式》中的一个难题。在《营造法式》卷三《壕寨制度》中'筑城之制'条下载：'每膊椽长三尺，用草葽一条长五尺，径一寸，重四两木橛子一枚头径一寸，长一尺'现在可以证明草葽、木橛是夯土施工所必需的设备，同时也说明这种施工方法到宋代还是很普遍地在使用。"[80]

另一个则是从已经认识到的《营造法式》体现的等应力构件设计原则出发，结合书中其他记载，对当时科学研究方法和水平的推测：

"材分八等及以材为祖的等应力构件设计原则、构件截面份数的制定等，都不是只凭经验所能取得的，必须上升到理论的高度，通过必要的计算才能求得。所以必定是当时的匠师已经掌握了材料力学的一定理论，能进行必要的计算，才能取得上述成果。由于梁的强度计算方法还需从科学实验取得数据，才能建立计算理论，《法式》记录的一些严格数据，如砖、瓦、石等材料的容重，是'石每方一尺，重

---

80 陈明达：《建国以来所发现的古代建筑》，载《文物参考资料》，1959（10），39页。

一百四十三斤七两五钱，砖八十七斤八两，瓦九十斤六两二钱五分'，和现代对于石灰石和砖瓦的重量完全符合。表明当时不仅进行了科学实验，而且已有一定的试验技术水准、计量水平和数学水平。所以，木结构技术不是独立的独自发展的，它是和其他科学尤其是材料力学、数学等共同发展起来的。"[81]

最后，也是最为重要的方面，即准确、深入地解读《营造法式》的学术定位。1981 年，陈先生在为《文物》发刊 300 期而作的《古代建筑史研究的基础和发展》一文中说道：

"完全读懂这两书本[82]……仍是建筑史研究的基础工作……我们研究建筑史的基础还不坚实、不充分，还需切实进行下去，不是无事可做。"[83]

又针对认为研究古建筑的文章"晦涩难懂""天书似的

---

81 陈明达：《中国古代木结构建筑技术（战国—北宋）》，北京，文物出版社，1990 年，62 页。

82 即清工部《工程做法》和《营造法式》。

83 陈明达：《古代建筑史研究的基础和发展——为庆祝〈文物〉三百期作》，载《文物》，1981（5）。

文风""用词冷僻"等说法，以"窗框叫立颊"为例，说道：

"这类指责是不正确的。就用'立颊'为例，宋代的'立颊'可以用在窗的两侧，也可以用在其他地方，而清代的'窗框'只是窗框。即使'立颊'用在窗的两侧，那尺寸、做法也不尽同于清代的窗框，就是口径对不上。如再仔细看看《营造法式》，就可体会'颊'应是名词，'立'应是形动词，'立颊'是立着使用的颊，而楼梯两边的梯梁也叫'颊'，它是斜着安放的，不称'立颊'。由'颊'到'立颊'是名称的转变，使用部位的转变，也是功能的转变。积累起一定数量的这种变化迹象，就可能是寻求某一构件的创始和发展的线索，各种各类线索的积累，对研究建筑发展史有提高推进的作用。消灭'立颊'这个名称，就断掉了这条线。"[83]

这一段尤其能看出陈先生对准确识读把握《营造法式》名词术语的重要性的关注，并且于后文再次强调：

"梁、栿在当时应是有区别的，或者更早的时期有区别，而为宋代所沿用。区别究竟何在？我们还不了解，是应当研究的问题。如果将原来称栿的构件都改名梁，就会造成混乱，增加研究的困难。这些都应当是常识，不是什么'用词冷僻'。一个物件的名称就如同一个人的姓名，有什么冷僻！更不是文风问题。"[83]

而进一步的目的，陈先生认为就是如梁思成先生在《为什么研究中国建筑》[84]中所指出的"明了传统营造技术上的法则""分析及比较冷静地探讨其工程艺术的价值与历代作风手法的演变"，即探索出中国传统的"建筑学"[85]。

综上所述，陈明达先生将研读《营造法式》看成研究中国建筑史、探究中国古代建筑学的至关重要的基础工作，并以自己亲身的学术实践为此提供了令人信服的范例。《辞解》和《札记》是他晚年研究《营造法式》的最后成果，也是他一生研究《营造法式》的最后总结，更是他留给学界的宝贵遗产。

三、我们的整理工作

为了把陈先生著作的原貌准确地呈现给读者，同时尽量方便阅读，我们主要做了两方面的工作：一是整理文字句读，二是给词条加注拼音、补充图释、制作索引。

---

84 梁思成：《为什么研究中国建筑》，载《中国营造学社汇刊》，1944，7（1）。

85 陈明达：《纪念梁思成先生八十五诞辰》，载《建筑学报》，1986（6），14-16页。

首先是识读陈先生的手稿，按照原文的意图，对词条的编排顺序、用字以及标点逐一加以整理，录入电脑。这里需要说明的是，因原稿尚是初稿，词条及释文勾改涂抹更换次序乃至改变页数之处不在少数。同时，词条排序、用字、标点等格式亦时有微差。比如，原稿在词条排序方面，总的来说是依照梁思成先生撰写的《清式营造辞解》的体例：将词条以首字笔画数为序排列，笔画数相同的以所属部首先后为次，首字相同的再以次字笔画为序，其余以此类推。于是，我们本着这一原则，对个别次序与之不相符合的地方进行了调整。另外，在用字方面，陈先生原稿基本为常用繁体字，来自《营造法式》的字词写法则多准仿宋的陶本，即陈先生晚年研究的工作用本。本着这一原则，我们将其间偶尔使用的简化字改为繁体字，并对手稿中同一个字的不同写法（如磚、塼）加以统一。这部分工作除了比对陶本外，也参考了其他几种版本的《营造法式》[86]，如文渊阁《四库全书》本、上海图书馆藏张蓉镜抄本（张本）以及新近影印出版的故宫本《营造法式》，特别是中华书

---

86 关于《营造法式》的版本问题，自朱启钤先生倡刊石印本以来即成
　　为研究《营造法式》的重要问题。其中具有代表性的成果见185页注
　　51。

局影印的南宋刊本《营造法式》残卷，是确定字形时的重要依据。最后校对统稿阶段还参考了北宋时期影响较大的两部韵书《广韵》和《集韵》的宋刊本。

另外，考虑《辞解》涉及的词语尤其是各个词条其中有很多字对于非专业的读者而言可能显得生疏，因此，为了阅读时的顺畅以及进一步查阅其他辞书的方便，我们特地给每个词条加注了汉语拼音，供读者参考。具体的读音基本上依照《汉语大字典》《汉语大词典》，遇到多音字或异体字等情况，则结合字词的含义，根据我们的理解选定一种读音。确定读音虽然总的看来操作比较简单，即参照《汉语大字典》《汉语大词典》即可，但若具体到每个音的确定，又涉及不少问题，情况往往非常复杂，需要做专门的深入研究；而且字的音义关系甚为密切，而除了读音之外，字形也有类似的复杂情况，同时还要考虑版本刻印传抄的因素，更增加了问题的复杂程度。关于读音和字形，此前学界已经都有过一些讨论，限于篇幅，这里仅依文字在原书中是否有音注[87]，分两种情况各举一例大概说明一下我们的工作方式。

---

87 其中，原书有音注的情况相对较少，《营造法式》原书给字词（转下页）

第一个例子是《营造法式》的一个常见字"栔"。根据上述辞书，我们把这个字注音为 qì。《营造法式》原文对其有音注，卷 1《总释》上"材"条云："《说文》：'栔，刻也。'栔，音至。"首先需要指出的是，汉语的古今音异是众所周知的现象，这就意味着，不能简单认为"栔"的读音就是"至"的读音 zhì。如果再深究一步，即使考虑古今音异甚至方音的因素，其实"栔音至"的说法仍没法讲得通。《营造法式》为何这样写，就成了一个问题。还是先回到原文。此条解释引自《说文解字》（简称《说文》），而《说文》原无音注，北宋初方有徐铉拟的反切注音，也就是其后影响最大的《说文》"大徐本"的音注。而此处李明仲虽然在字义上直接引用了《说文》，但读音方面却并未用当时早已通行的徐铉的反切音"苦计切"，而是不见于今《说文》通行本的直音注"音至"，这是值得注意的。或许有三种可能。其一，李明仲此处用的是今已失传的非大徐本的某家注《说文》。李明仲博学广闻且家富藏书，

（接上页）注音处凡约百数十见，除了"材分之分音符问切"在卷四外，其他都出现在卷一、二的《总释》。古汉语注音方式有两种，一种直音法，一种反切法，《营造法式》都有。

这种情况也不是全无可能。其二,此处音注并非引自《说文》,而是引自其他著述。如果是这种情况,则最有可能用的是当时通行的字书、韵书之类。其三,是李明仲自己注的音。若是这种情况,考虑"栔"字和"材"一样是大木作部分的常用语,以及《营造法式》编纂时"勒人匠逐一讲说"的背景,这一读音很有可能来自李明仲时代汴京的工匠阶层。若如此,则尽管李明仲世居汴郑且为官京畿,问题也远非简单讨论"栔"字在当时的"中原雅音"标准语中的读法所能解决的。深入的认识尚有赖于对诸如《营造法式》工匠用语(当然也包括其读音)或样式、工艺等来源的研究[88]。

另一个例子是"华",也是《营造法式》中的一个常

---

88 从郭若虚《图画见闻志》卷一提到"暗制"看,很可能"栔音至"是源自工匠的读法。因为依上下文,此处"暗制"很可能就是《营造法式》的"闇栔",而依《广韵》与《集韵》,"至"与"制"音近,因此可能李明仲和郭若虚记录的都是工匠的发音,李明仲将此音系于"栔"字。此段关于"栔"字读音的讨论,参考了冯继仁先生的博士论文,见 Feng Jiren: *The Song-Dynasty Imperial Yingzao Fashi* (*Building Standards*,1103) *and Chinese Architectural Literature*: *Historical Tradition, Cultural Connotations, and Architectural Conceptualization*. Providence,Brown University,2006. 又承四川大学顾满林先生、西南交通大学罗宁先生见教,谨致谢忱。

见字。主要用法有三：①用于"华表"，读作 huá；②用于"华栱（丁华抹颏栱）""华头子"等大木作术语；③与花纹、花朵有关之义，读作 huā，如"压地隐起华""华文制度""牡丹华""腰华版""华盘""山华蕉叶"等。其中①、③两类意义明确，读音亦无疑问，单就②的情况略加说明。"华栱"与"华头子"皆为铺作组合的重要构件。联系其他的构件如瓜子栱之名称，以及计心、偷心造的异名即转叶、不转叶的叫法，再加上铺作数量值直接呼"朵"，不难发现这套用语与枝条花朵的密切关系。而且，周必大《思陵录》载宋室南渡后首个陵寝即思陵工程的修奉及交割公文皆称铺作为"骨朵子"，也可为旁证。因此，②的用法中的"华"也是花朵的花的本字，读法也应与"桃之夭夭，灼灼其华"以及"春华秋实"相同，即 huā。"花"字作为"华"的花朵之义的写法在北朝就已经有了，不过在许多语境出于崇尚正统的考虑或是历史的原因，仍是沿用"华"的写法，像《法华经》《华严经》都是这样的例子。其实这里也可看出李明仲在选择用字时的考虑。特别是施工实践中使用的词汇，其字形往往容易简化或用音近字转写，但李明仲还是选择了较为雅驯的写法。

关于补充图释，我们工作的思路就是梁思成先生在

《〈营造法式〉注释》的《序》中提到的："凡是有宋代（或约略同时的）实例可供参考的，我们尽可能地用照片辅助说明。"梁先生的这句话在《序》中虽然仅对《营造法式》的图样而言，但从以他为代表的众多《营造法式》研究者的学术实践来看，这种以实物图像进行辅助说明的做法无论是对研究者本身还是对广大读者都是不可或缺的。正是基于这点考虑，我们在尊重并保持陈先生《辞解》文字稿历史原貌的基础上，添加了包括大量宋代（或约略同时）木构建筑、佛塔经幢、雕像石刻以及传世画、壁画等在内的能够有助于理解原书内容的图像，这样大概能使《辞解》拥有较多的读者。陈先生泉下有知，也许不会厚责我们的鲁莽。

插图共 412 幅，大体有以下几类。首先是建筑的正投影图或轴测投影图，如正定隆兴寺摩尼殿的平面简图、泉州开元寺大殿内柱柱头铺作大样图、蓟县独乐寺观音阁分层结构示意图等；其二是建筑、绘画、经幢等各类文物的照片；其三是根据照片摹绘的线画图[89]。

其中，有一些插图数量不多但较为特殊，需要稍加说

---

89 线画图这部分是 2007 年之后经张十庆等先生提示增加的，以（转下页）

明，这就是《营造法式》原书的图样以及与其密切相关的其他古籍中的某些图样。图样对于《营造法式》的重要性人所共知，梁思成先生认为"各作制度的图样是《营造法式》最可贵的部分"[90]。由于图样总数不少，而且还有各种版本，因此我们仅选择了有限的几幅，借以在辅助说明词条含义的同时，大体呈现各作图样的面貌。存世的《营造法式》有几种版本，相应的图样也因版本而异，先贤已多有讨论。我们使用的图样都是尽量仔细比对各种版本（包括永乐大典本、张本、丁本、文渊阁四库全书本、文津阁四库全书本、故宫本）后所选出最具"原真性"的一种。同时，为使读者对这一情况有个直观的了解，我们还特地针对个别词条（如"飞仙"）将数种版本的同一图样并置一处，以示差异。

另外，除了各种版本的《营造法式》，还有一些古籍也收有来自《营造法式》的图样，有的很可能来自较早的

（接上页）弥补照片、绘画等由于保存状况或摄影质量等原因导致图像信息不明确的缺憾。这部分工作主要由王蕊佳、任思捷、曹雪、张思锐完成。

90 梁思成：《〈营造法式〉注释（上卷）·序》，北京，中国建筑工业出版社，1983 年，11 页。

版本。如金明昌三年（1192年）张谦刻本《地理新书》[91]卷一就有注明来自《营造法式》的取正定平的图样，包括望筒、景表版、水平、水池景表、真尺等，虽版式、次序已有异于《营造法式》原书，但各图总体形象不仅明显与存世各版本《营造法式》对应图样同出一源，而且有些细节不见于现存《营造法式》各本，如望筒、景表底座的龟脚以及景表池版面上的图案等，复杂程度皆远超他本。特别是其龟脚形象，酷似宋代画作或实例，远非他本之简略可比。添入《地理新书》的这部分《营造法式》文字篇幅不长却错讹甚多，显然并未精校。因此其图样精细之处当非此刊本所着意而为，应是依其底本而已。考张谦添加《营造法式》入此书应在卷首序所云明昌三年（1192年）左右，此时"绍兴本"已付梓有年，但宋对北朝（先辽后金）书禁颇严，相比之下，"崇宁本"在北方应有流播，是张谦所本《营造法式》的可能性更大。若如此，考虑现存《营造法式》诸本皆源于南宋刊本，则上述图样细节之差异，或许就是

91　（宋）王洙，撰，（金）毕履道，张谦，整理：《重校正地理新书（影印北大图书馆藏金刻本）》，见《续修四库全书》编纂委员会：《续修四库全书·第1054册·子部》，上海，上海古籍出版社，1995年。

崇宁本与南宋刊本的差别亦未可知。

再如《永乐大典》所录《营造法式》图样，除了叶慈（Walter Perceval Yetts）发现的彩画作的部分早已为学界熟知外，新中国成立后在山东省发现的两卷《永乐大典》残帙恰为门制类，刊图多幅，其中版门等图亦本自《营造法式》至为明显。而"格子门限"一幅，与《营造法式》卷32"格子门额限"图相似之处极多，也略有差异。《永乐大典》图无"丽卯插栓""直卯拨挣"等题名，但多一"附柱"，且立挣上题"手把"。"手把（飞鱼）"之名于《营造法式》卷20、卷24两次提到，却为诸本《营造法式》图样所无，故将《永乐大典》此图亦附于书中，以便读者查阅。

又如《营造法式》卷29"水平"一图，不仅如前述为《地理新书》所引用，而且也出现在成书早于《营造法式》50余年的《武经总要》前集卷11"水攻"附图中[92]，其构图、版式及若干细节画法皆极相似，文字内容也颇可比参。这与李明仲自云编修《营造法式》时"考究经史群书"正

---

92 （宋）曾公亮，丁度：《武经总要（影印万历金陵书林唐富春刻本）》，见《中国兵书集成》编委会：《中国兵书集成·第三册》，北京，解放军出版社，沈阳，辽沈书社，1990年，479页。

相吻合[93]。不过值得注意的是，《武经总要》中水平持柄顶部之装饰不仅与各本《营造法式》差异明显，而且也与《地理新书》迥异，是标准的《营造法式》钩阑之云棋与宋画中常见的望柱头处仰莲的组合，当非明人重刊的更改，而是庆历朝成书时的画法。《营造法式》同一部位的简略画法（《地理新书》亦同，若如前述则其反映的当是崇宁本的面貌）也并非后来重刻传抄的结果，而是李明仲编纂时有意的简化。为反映这一情况，故将《武经总要》此图也附于书中。

为了方便读者查阅，我们还编制了几种索引，既包括针对词条的索引（笔划索引、首字音序索引），也包括针对插图的数种索引。尤其是书中的某一幅插图往往与多个词条有关，而在排版上一般仅能出现在与之相关的某一个词条的附近，所以为便于查找，我们特地制作了插图与词条的两种索引。与插图有关的索引还包括：基本信息索引、朝代索引以及地点（不可移动文物的原址和可移动文物的

---

93 因《武经总要》编纂亦有所本，像"水平"及"水攻"这部分即与成书于 8 世纪中期的《太白阴经》几乎全同（也曾被 9 世纪初杜佑编著的《通典》所引用），而存世《太白阴经》诸本皆无图，故而李明仲当时参考的是哪部书就不得而知了。

收藏地）索引。另外针对地点一项，还绘制了书中插图涉及的古建筑、石窟寺等不可移动文物的分布图，附于书末。

在插图的基本信息中，名称、地点等项应无疑义，但年代一项，尤其是古建筑、画作之年代鉴定，往往见仁见智。古建筑因多为历代修建之累加，因此情况更为复杂，各部位的制作年代遽难一概而论。如正定隆兴寺大悲阁的木构建筑虽为近世重建，但其观音像下的石制须弥坐及阶基、柱础等当是宋初原物，因此选用上述内容时仍标作"北宋"。再如绛县太阴寺大殿，建筑主体及正面檐下木牌应为金代原物，故注为"金"，但殿内涅槃像所在小账则较为复杂，其帐坐、帐身及佛像风格似与金合，而帐头部分山华蕉叶、铺作以及虚柱间构件连同其上彩画则风格与帐身明初题记之年关系密切，故于年代一项插图标作"金至明"。

系统进行图释工作是从 2005 年开始的，相应的准备特别是全面搜集元以前早期建筑的图像材料则始于 21 世纪初。图释所用的木建筑实物图像主要来自建筑历史与理论研究所全体同仁多年的积累。尤其在王其亨教授主持的"宋营造法式"和"古建筑测绘"等课程的教学过程中，师生们多次前往全国各地实地考察和测绘，形成了丰硕的教学和研究成果，为图释工作打下了坚实的基础。需要特别指出的是，由于早期建筑的珍稀，加上我们搜集资料有限[94]，因此对某些词条使用了距离《营造法式》年代较远的晚期建筑图像，虽然不尽完善，但或许可以弥补一些无图的缺憾。比如山西介休的清代后期建筑橡飞上的构件，是目前我们在北方所能发现的仅有的十分接近于"橡头盘子"的实例，而刘致平先生早在20世纪40年代提到的云南的实例[95]，我们还没有机会赴现场考察、拍摄，所以只能留下遗憾了[96]。

2007年初，我们把阶段性的成果整理排版，制成样书，前后改了数稿。2007年夏天，经王其亨教授审阅后，我们把样书呈送给在《营造法式》研究领域耕耘多年的学者征求意见，得到了许多积极的反馈。清华大学郭黛姮教授、东南大学张十庆教授还提出了很多中肯的具体建议，让我

---

94 特别是南方的实例，由于地域相隔，虽然得到了东南大学、华南理工大学等院校诸多同仁的襄助，仍显不足。

95 刘致平:《云南一颗印》，载《中国营造学社汇刊》，1944，7 (1)，71，90 页。又见于刘致平:《中国建筑类型及结构》，北京，中国建筑工业出版社，2000 年，110 页。

96 云南等地还存有"晱电窗"的实例，见刘致平:《云南一颗印》，载《中国营造学社汇刊》，1944，7 (1)，85 页，图版11。我们因未能实地考察，也是摹画了南京大学周学鹰教授所摄照片。

们备受鼓舞与鞭策。此后，我们充分吸收这些宝贵的意见，对《辞解》整理工作的各方面问题尤其是图释部分又做了较大规模的调整。同时，结合近些年正在开展的辽代建筑研究，与各有关单位合作，对奉国寺、独乐寺、开善寺、华严寺、善化寺、阁院寺以及应县木塔等现存的辽代建筑进行了较为详细的调查、测绘，并对已不存的易县开元寺三辽构，以刘敦桢、莫宗江、陈明达先生 20 世纪 30 年代的调查等为依据，进行了初步的研究。这些都成为我们学习、整理包括《辞解》在内的陈先生研究成果的重要基础。

由于本书的特殊性，我们需要同时承担作者和编辑的大部分工作，既要明确内容，又要整饬格式。特别是在先后两次成书的排版阶段，费力尤巨，成丽、王蕊佳、曹雪、任思捷、张思锐等都倾注了大量的心血。

多年来，我们在学习整理陈先生遗稿以及甄选图像材料的过程中，广泛吸收了梁思成、刘敦桢先生以来国内外研究《营造法式》以及早期建筑的学术成果。如已故徐伯安先生等负责整理的《梁思成全集》第七卷、潘谷西先生的《〈营造法式〉解读》、近年来出版的《中国古代建筑史》中分别由傅熹年、郭黛姮先生主编的与《营造法式》研究关系最为密切的第二卷和第三卷，以及新近由刘叙杰先生整理的刘敦桢先生的研究成果、发表于《刘敦桢全集》的校勘丁本的宝贵记录。而尚未出版的新近成果当以傅熹年、王贵祥先生指导的清华大学李路珂的博士论文以及东南大学已故郭湖生先生指导的吴梅的博士论文为代表，两者都是关于《营造法式》彩画部分的研究，让我们得以在学习后，于原本知之甚少的彩画方面也略微具备了一些整理《辞解》的基础。

我们的工作得到了东南大学、清华大学、北京大学、华南理工大学等兄弟院系，国家文物局、故宫博物院、中国文化遗产研究院、敦煌研究院等单位，以及全国各地相关文物保护部门的大力支持，傅熹年先生、单霁翔局长拨冗作序，在此一并致谢。

《建筑创作》主编金磊先生，不仅组织"田野新考察"等活动，提供了不少宝贵数据，更与百花文艺出版社董令生女士、天津大学出版社韩振平先生等着力促成《辞解》一书的出版，万荣李尤瑞先生在我们年复一年赴三晋大地调查的过程中提供了许多帮助，这些都令我们深为感激。

陈先生的这些未刊之作不仅是宝贵的学术成果，而且已成为学术史研究的对象。我们所做的仅是尽最大可能理解陈先生手稿的原意，以清晰的铅字将它们展现在读者面前。希望这个略作补充的整理本能给读者提供些方便。我们整理书稿，始终兢兢业业，不敢掉以轻心，但因学识尚浅，错误在所难免，为把接下来的工作做得更好，敬希专家学者热心指正。

《陈明达全集》出版 [1]

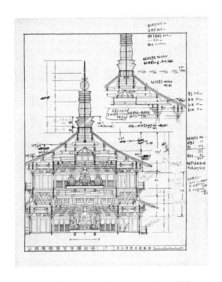

陈明达批注《应县木塔》（1966年版）书影

　　殷力欣先生发来消息，《陈明达全集》（后简称《全集》）已经印刷了。陈先生的著作，是建筑学人的宝贵财富，多年的整理出版工作至此告一段落，从此更方便学界同仁全

1　本文写于 2023 年 1 月。

面了解阅读，实在是个大好的消息。

《全集》的内容以及陈先生的学术贡献和特点，我将另撰专文介绍，这里仅将本书整理编排过程中的几点感想罗列如下，以供读者参考。

其一，分册和目次。

《全集》的目次自非作者本人的编订，而只是我们整理出版的便宜从事。这一点与二十几年前出版的陈先生选集十分不同，那份目录还是陈先生晚年指导殷力欣先生整理的，相当程度上算作者所"自选"。

十余年前，在整理出版陈先生遗稿《〈营造法式〉辞解》前后，始有《全集》编纂之议，我最初拟作《全集》目次约九或十卷，从那时候起，到如今面世的模样，中间变化调整很多，但也都是一种"权宜"和反复思量的过程。像汉阙研究，是陈先生学术工作的重要组成部分，他既参加了 20 世纪 40 年代营造学社的汉阙调查，也在 50 年代整理发表了相关的文章，而后 70—80 年代又在通论著作里有接续的深入探讨，直到 90 年代还在关注，受托为专著作序。而这部分文稿的分册与拟题，连同彭山崖墓等，其实是在"西南地区"和"汉代建筑"两者之间来回斟酌。各有道理，但最后总要选一个。汉阙研究是如此，其他的也是类似。

这一点是首先要向读者报告的。

其二，《全集》的"全"。

《全集》最重要的特点就是"全"。现在看来，它既是陈先生著作文稿的汇集，更是学习研究陈明达学术的"资料宝库"。目前来看，最终的呈现，要比当初策划时丰富许多，收录了很多陈先生研究过程中的阶段性成果，包括手稿、研究草图、表格、测稿、建筑摄影、绘画等。

在此举三个例子。第一个是关于重要建筑实例的基本尺度图表。这也是营造学社时期即开始的工作方法，经过数十年的积累和调整，第一次完整呈现是在《营造法式大木作研究》一书中，继续调整后又单行收入《建筑历史研究》，在这个过程中陈先生还在画个例的分析图以及进行独乐寺两建筑的深入研究。《全集》就把以上这些内容全部收录了，时间跨跃在20世纪70年代中至90年代初，这对完整理解陈先生的学术是很有帮助的。

第二个是营造学社时期的测稿。大家都知道陈先生是学社测绘的主力军，以易县开元寺的调查为例，就是他和莫宗江先生跟从刘敦桢先生具体开展的。按刘叙杰先生整理发表的刘公笔记等当时的资料来看，刘公的现场分工是，莫拍照，陈画图。因为得到清华大学诸位老师的全力支持，所以我们得以收录并仔细分辨了开元寺的现存测稿，目前还在详细核对判断的过程中，今年或有专文待刊，总之大体上符合这样的分工。而为了前述《营造法式大木作研究》及图表的整理和写作，实际上陈先生在20世纪70年代末又与老友莫先生合作，把四五十年前他们俩小时候画的测稿重绘、整理，这部分的图文我们十几年前就开始琢磨，幸得莫涛先生的反复指点，所以也得以把这个过程梳理清晰，相关的资料也录入《全集》中。

第三个是陈先生的批注。这类的内容很多，古书上的、今人著作以及自己发表的文章专著上的都有，这里仅举一个很有代表性的例子。梁思成先生遗著《营造法式注释》（上卷），是自营造学社时期的研究工作成果脱胎而来的，梁先生自己在《前言》里写得很清楚了，而其中很重要的图释部分的前身则是20世纪50年代印行的《营造法式图释》。陈先生在这两种图释上都有批注，都是很珍贵的学术史料，感谢国庆华教授的帮助，我们得以集齐汇入《全集》。

其三，注释。

详细的整理注释，是《全集》编辑出版的另一个特点。这部分的权衡和写作，除去些许细节的建议外，几乎全是殷力欣先生的贡献。他身兼《全集》作者亲属暨版权所有者，还有编辑出版工作的全流程推动者的重任，是本书得以问世的第一功臣。不仅如此，陈先生去世迄今二三十年里，他一边整理自己的学习心得，一边督促并指导我们对陈先生学术的研究工作，又将随侍陈先生身边见闻受教的记忆陆续写出，在《全集》之中就集中体现在大量的编者注、按里。这些内容充满撰写者本人的真知灼见，更重要的是，对于学人依托文字想象陈先生的丰满形象和勤勉学行，具有不可替代的参考价值，和陈先生的著作文稿一起也成为学术史上的重要历史资料。

其四，关于《营造法式》。

对《营造法式》的研究是陈先生之于中国建筑学术最突出的贡献，这一点在傅熹年先生受莫先生所托为陈先生选集出版所作序已明言，亦为海内外学界所公认。其中最具代表性和影响力的著作，当数 1978 年完稿的《营造法式大木作（制度）研究》。但实际上，除了这部名著而外，即使不算作者前后撰写的学理上相关的木塔、独乐寺等著作，单说就《营造法式》的研究与各类手稿，尚有很多，这次编纂《全集》，也力争做到了"竭泽而渔"，惟分册编次问题，与前述汉阙研究类似，尚待读者阅读时明察。

另外，还有三种陈先生的特殊"遗物"与《营造法式》

有关。其实就是三套《营造法式》。一个是约 1933 年他刚入营造学社跟从刘公学习时亲笔过录的，底本是"丁本"，即江南藏书家们辗转传抄宋本《营造法式》的一个较晚的抄本。惟有两点值得注意，一是过录有刘公等人以其他抄本校对的记录，二是图样的抄绘方式应体现了学社当时的看法。另一套则是陈先生 20 世纪 50 年代回到北京后买的一套"万有文库"本即小"陶本"。这套书开本小又版式清晰，所以看来是陈先生后来研究时所使用的主要工作用本，上面有很多陈先生的批注，内容丰富。陈先生后将此本赠予王其亨教授，王老师曾作有一篇"是否全本"的重要文章，就是依据此本及其上的批注，在陈先生的宝贵提示下完成的。此本近年已影印出版，惟付梓匆促，我当时没有来得及把书的基本情况说清楚，尚待重印时补入。再有一种是大"陶本"，亦有陈先生批注。后两种《营造法式》都没有收入《全集》。

其五，十卷巨著出版，实属不易。自十几年前酝酿以来，中间一波三折，多亏众多友人无私帮助，殷先生在《全集》里已经写得很详细。但我还想赘言数句，表达一下个人的感想、感谢。

首先要感谢金磊先生，没有他长久以来十几年如一日的支持就不会有本书的面世。也要感谢徐凤安先生，在本书转由浙江摄影出版社接手后，幸亏有他和同事们的眼光以及对学术事业的无私关怀，才能有我们一系列工作的开展。肖旻教授自年少时即倾心"陈学"，成就了深厚的建筑史学养，如今又反哺于《全集》的出版，差不多每一卷都经过他的精心审阅，我想，陈先生九泉有知也会十分欣慰吧。在过去十几年中，我们曾以对陈先生遗著的学习、整理成果，就正于学界同仁，包括已经辞世的宿白先生、曹汛先生、郭黛姮先生等前辈，那些知无不言的宝贵反馈，经由我们常年的思考已经汇入《全集》整理工作中，汇入我们在编次分册的反复探讨中，以及字斟句酌的种种具体取舍之中。前辈们的指导，一直感铭在心，总会时时想起。

王其亨教授常以"学术乃天下之公器"教示后学们。今日，《陈明达全集》的出版就又提示我们中国建筑学术公"器"以何熔铸、以何成就。和他的老师梁思成、刘敦桢的《全集》一样，陈明达的《全集》所承载的，依然是一位中国的建筑学人从少年到耄年的生命历程、学术历程与心路历程。孔子说，如果你想选择一条道路作为人生的道路走下去，不踩着前人的足迹走那也是很难啊。《陈明达全集》呈现的，满是他和同学好友跟老师学习的足迹，我们翻着翻着书，就也跟着走下去了。

研究中国建筑的历史图标 [1]

　　2005 年 5 月，在《华夏意匠》（以下简称《意匠》）第一次 [2] 由内地出版社发行 20 年后，这本探讨中国古代建筑

---

1 原文载于《世界建筑》2006 年第 6 期，署名丁垚、张宇。

2 李允鉌：《华夏意匠》，北京，中国建筑工业出版社，1985 年。

设计理论的著作，首次以简体字印刷发行。此时，距它的面世已有 23 载 [3]，它的作者李允鉌也已经辞世 16 个春秋了。

回首 20 年前，《意匠》初一刊行，即在整个中国建筑界产生极大的影响。它不仅在"内地中青年学者和建筑师中曾轰动一时"，[4] 而且老一辈建筑学者，包括为之作序的龙庆忠，曾是中国营造学社成员的莫宗江、陈明达等也都给予此书以很高的评价 [5]。在台湾地区，该书也大受欢迎。据 1988 年的《民生报》报道："台湾建筑界人士、建筑爱好者几乎人手一本《意匠》。"[6] 事实上，《意匠》自 1982年付梓以后，已被内地与港台地区的多家出版社前后 8 次

---

3 《华夏意匠》首先在香港由广角镜出版社于 1982 年 3 月出版。

4 常青：《中华文化通志·第 7 典·科学技术典·建筑志》，上海，上海人民出版社，1998 年，导言。

5 龙庆忠先生对《华夏意匠》的评述详见于他为此书首次出版所作的序言；莫宗江、陈明达先生的评述则分别来自曾昭奋、王其亨先生的转述，前者详见注 22；后者详见注 24。

6 黄美惠：《李允鉌为中国古建筑下注解，〈意匠〉描尽传统庭园妙境》，载《民生报》，1988 年 3 月 13 日。转引自钟鸿英：《君去留意匠，轶卷存人间 —— 李允鉌与〈华夏意匠〉》，载《南方建筑》，1994（2），37-38 页。

翻印或再版[7]，但仍不能满足建筑界特别是建筑院系莘莘学子的需求，很多人都有过一书难求而只能复印、翻印甚至抄录的经历。20年间，对《意匠》的评介文字屡有发表；其间出版的许多学术著作，都受到了此书学术观点的影响。它波及之广、程度之深以及持续时间之久，在建筑图书里都是罕见的。何以一本书的出版能够引起这么大的反响？孟子说得好："颂其诗，读其书，不知其人可乎？是以论其世也。"要回答这个问题，有必要重返《意匠》初现于世的那个时代，以了解那是中国建筑学发展的什么历史阶段，并听取那个时代的人们对此书有什么样的看法。

陈明达在1981年发表了一篇在中国建筑研究历史上极为重要的文章，对于中国营造学社创立以来的中国建筑史研究，尤其是内地学界的研究，进行了回顾和总结[8]。文

---

7 除香港广角镜出版社1982年3月首次出版的版本外，《华夏意匠》翻印和再版的版本包括以下几种：香港，广角镜出版社，华风书局发行，1984年；北京，中国建筑工业出版社，1985年；台北，龙田出版社，1982年影印；台北，六合出版社，1982年；台北，明文书局，1990年，1993年，2000年再版；天津，天津大学出版社，2005年。

8 陈明达：《古代建筑史研究的基础和发展》，载《文物》，1981（5），69-74页。

章指出，新中国成立后进行的大量对古代建筑的调查，大多重现象少实质，缺乏从建筑设计、结构原则等建筑学角度的研究与分析，不能完全满足建筑史研究的需要。陈明达还比较了已有的 3 部中国建筑史。他认为，作为当时中国建筑史研究代表作的八稿付梓的《中国古代建筑史》[9]，由于在编写过程中，没有对此前完成的通史类著作做学术上的讨论，因而和前面的著作一样缺乏建筑学理论的总结，甚至在某些前人已经有所涉及的建筑设计理论等领域，反而简言未谈。

这篇文章发表在《意匠》首次出版的前夕，可以说是对那个时期关于中国建筑研究状况的真实描述，比照李允鉌自己在《卷首语》里面表达的困惑，可以发现这两位分别身处内地和香港的建筑学者，对建筑学科发展的观察结果是多么相似：

"即使到了今日，建筑业已成为比任何时候更重要的经济活动，可是我们仍然未见有较多的研究建筑的书籍，尤其在设计理论上显得更为薄弱。"[10]

中国建筑学理论匮乏，正是这样的境况让李允鉌有了

9 刘敦桢：《中国古代建筑史》，北京，中国建筑工业出版社，1980 年。
10 李允鉌：《华夏意匠》，天津，天津大学出版社，2005 年。

提笔写一部关于建筑理论的著作的念头。同时，如作者本人所说，这样一本著作的出现，也正填补了这个时代的"学术空白"[10]。

李允鉌所新创的，是以现代建筑学（或建筑设计）的角度，从整体上研究中国古代建筑，进而分析归纳出"中国古典建筑设计原理"。具体地说，他很大程度上参照了现代建筑设计方法论——即西方18世纪中叶以后随着生活和文化发生根本变化而在建筑学领域应用的一套理性设计原则。按照这套原则，设计不再从外部形象和比例关系出发，平面成为设计的逻辑进程出发点，由平面生成立面，建筑的结构框架、所用的材料、与设计有机结合的装饰与色彩等构成设计中的理论核心，而景观和城市设计方面的话题也随之运作[11]。《意匠》比照现代建筑设计进程中的这些分项，在书中划出5章，分别讨论中国古代建筑的平面、立面、结构、构件、装饰；后面又有3章分别论述园林建筑、非房屋建筑及城市规划。

《意匠》的这种研究方法和叙述逻辑，宏观地看，显

11 Fil Hearn：*Ideas that shaped buildings*，the MIT Press，Cambridge，2003.

然不同于和它成书时代和规模都相近的刘敦桢主编的《中国古代建筑史》[12]。后者主要用历史学同时兼有考古学、文献学的方法，对中国古代建筑的实物、图像和文献等材料进行了系统的记录、分类、描述和梳理，并作出了深入程度不同的分析和解释。作为当时内地学界中国建筑史研究的代表作，其学术成果可谓丰硕。然而，正如建筑学者陈明达所批评的，与其之前的同类著作相比，《中国古代建筑史》从建筑设计角度进行的讨论有减无增[13]。这种研究取向，有着当时多方面的复杂背景，不必在此作深入探讨。本文想指出的是，同样以中国古代建筑为研究对象，处理的又是大致相同的材料，作为个人作品的《意匠》，其研究方法与集体著述的《中国古代建筑史》迥异其趣，而更具建筑学的意味，这大概也是吴良镛认为它的"清新"之

---

12 《中国古代建筑史》书稿的主要编写工作从1959年5月起至1966年，共历时7年。此后书稿被长久搁置，直至1978年有关人员又对书稿进行了整理，并于1980年由中国建筑工业出版社出版。详见国家建委建筑科学研究院《中国古代建筑史》的编写过程。刘敦桢：《中国古代建筑史》，北京，中国建筑工业出版社，1984年，422页。

13 陈明达：《古代建筑史研究的基础和发展》，载《文物》，1981（5），69-74页。

所在[14]。

这种新方法给建筑学界带来的冲击是巨大的。陈薇在李允鉌辞世同年发表的文章认为：

"《意匠》的问世，以一种转折的态势，打破了中国建筑史研究领域中长期保持的沉静，带动了中国建筑史研究由单一的形制史学向多元的或统名之为'建筑文化学'的系统转折。"[15]

如果换一个角度来解读《意匠》的研究方法，或许可以这样认为：它是利用近代以来异域文化所形成的理论模式，按照其中已有的明确的规则，把中国文化的相关研究对象的零散材料组织在一起[16]。这个理论模式就是将所谓建筑学或者建筑设计理论组织在一起的成果，就是中国的建筑学或者建筑设计理论 —— 用作者自己的说法，就是书名中的"中国古典建筑设计原理"。这种方法，表面上呈现

---

14 吴良镛：《关于中国古建筑理论研究的几个问题》，载《建筑学报》，1999（4），38-40 页。

15 陈薇：《中国建筑史领域中的前导性突破 —— 近年来中国建筑史研究评述》，载《华中建筑》，1989（4），32-37 页。

16 参见张光直对于中介理论模式的讨论。张光直：《商文明》，沈阳，辽宁教育出版社，2002 年，54-56 页。

为"建筑学"的方法，而本质上是一种跨文化研究的方法，《意匠》为学界所公认成功和不足之处都是这种方法带来的结果[17]。一方面，由于跨文化的比较，主要是中西比较，不同文化之间存在的大量行为方式的差异才得以凸显，中国建筑文化的种种鲜明特点才得以成立。另一方面，也正是由于跨文化的比较，导致了《意匠》的理论框架与生俱来的自我矛盾，这种矛盾就表现为建筑学理论模式和中国材料相当程度的不兼容。对于这两方面的讨论，学界都早已有之，这里就不再涉及，不过本文将从中国建筑史学科发展的角度对这种研究方法略作评述。

《意匠》这种利用已有理论模式来研究中国建筑的做法由来已久，其中既包括早期国外学者的著述，也有国内学者特别是建筑学者的开创性尝试。梁思成在《为什么研究中国建筑》中对研究中国建筑的背景和目标所作的情理

---

17 关于对《华夏意匠》的批评，除了上面提到的文章之外，还可参考赵辰：《"民族主义"与"古典主义"——梁思成建筑理论体系的矛盾性与悲剧性之分析》，见张复合：《中国近代建筑研究与保护（二）》，北京，清华大学出版社，2001 年，77-86 页；

王鲁民：《"着魅"与"祛魅"——弗莱彻的"建筑之树"与中国传统建筑历史的叙述》，载《建筑师》，2005（116），58-64 页。

兼备的述说，可谓此类国内研究的最好注脚。因此，与其说《意匠》新创了一种方法，不如说它实现了一次方法的回归。而这次回归的结果，则是研究水平整体超越了前人。实现这种超越的条件是多方面的，但其中最重要的恐怕是下面这两点。

首先，传统建筑史学的发展。这主要表现在对中国建筑的基本研究材料的系统处理，在量的方面大大地增多。这方面主要是中国学者数十年耕耘积累获得的成就，前文提及的《中国古代建筑史》就是这种学术进步的突出代表。这使得《意匠》所依靠的研究材料基础，比起前人来要坚实广阔得多。

其次，理论模式自身的发展。具体表现在所用理论模式本身的建筑学化，即从早期研究历史学、艺术史、考古学、古物学等理论兼用所导致的基本理论架构的不明朗，逐渐发展到建筑学理论所占比重加大，并且从具体研究方法的层次上升为基本理论架构层次。《意匠》本身，正是这一方面学术变化的集中反映。这种变化的结果，使得相关研究作为一个整体，其结构更加清晰，更有逻辑性。

还可以明确的一个重要的因素是，作者在书中强调的李约瑟的《中国科学技术史》，其写作体裁、学术观点，尤其是其成熟的理论模式都为李允鉌所借鉴并利用，这是《意匠》一书成功的直接原因。而后者的研究方法从本质上说就是一种跨文化比较的方法。进一步对照之下可以看到，《意匠》中的许多观点都是承袭自李约瑟的研究或是受之启发[18]；至于在研究方法上，《意匠》与《中国科学技术史》的渊源，以及和其他的前人研究之间的联系，也越来越为学界所认知。事实上，除了汲取李约瑟的学术思想，《意匠》还广泛参阅了日本学者伊东忠太、英国建筑学者博伊德（Andrew Boyd）、瑞典人喜龙仁等对中国建筑文化的著述，这些西方学者的研究成果代表了截至 20 世纪 70 年代国外学术界在中国建筑研究方面的前沿认识[19]。

---

18 关于《中国科学技术史》对《华夏意匠》的影响，参见赵辰的相关研究。

19 赵辰：《域内外中国建筑研究思考》，载《时代建筑》，1998（4），45-50 页。文中指出：伊东忠太等日本学者和瑞典人喜龙仁可以作为 20 世纪初至第二次世界大战前后这段时期西方对中国建筑高水平研究的代表；以 1971 年出版《中国科学技术史》为标志，李约瑟对中国文化的长时间高水平的全方位研究将西方人对中国文化的认识提高到了前所未有的高度，建筑也不例外；博伊德曾负责李约瑟著作的建筑部分评阅，他对中国建筑文化的认识相当深刻，其（转下页）

正由于作者运用这种新方法对中国建筑的解读,《意匠》在"较为系统和全面地解决对中国古典建筑的认识和评价问题"[20]等方面,作出了可贵的探索。书中的很多论述和推断,成为后来众多开拓性研究的启示之源。和《中国科学技术史》体现的对中国文化的情怀类似,李允鉌也是怀着一种"温情与敬意"[21],在运用已有理论模式去研究中国建筑的同时,既饱含了对中国固有文化理论的尊重和向往,同时又恪守着科学的态度,既不妄自菲薄,也不盲目拔高。这在一方面减小了前文提及的材料和理论的不兼容程度,同时,也在分析处理材料过程中极大充实了所利用的理论模式本身,这也正是李允鉌所追求的中国文化对现代建筑学发展的贡献。这正是《意匠》一书最为光彩夺目之处。莫宗江认为,它将中国古代建筑"意匠"作为中华民族整体文化的一部分来研究,在确认东西方建筑设计理念存在差异的前提下,

(接上页)论著在西方学者中影响较大,他的学术成果可归类于李约瑟之说。

20 李允鉌:《华夏意匠》,天津,天津大学出版社,2005年。

21 钱穆语。参见钱穆:《国史大纲》,北京,商务印书馆,1996年。

用事实证明：中国古已存在的具有中国民族与地理环境特色的建筑与规划理论中，许多设计思想与技法在世界上都居于领先地位，进而充分肯定了中国古典建筑设计理念是中国悠久历史文化的结晶，是世界建筑文化艺术宝库中难得的瑰宝[22]。

《意匠》对"欧洲中心论"的驳斥，在字里行间流露出的对优秀民族文化的自豪感，正是这样的研究理念的真切体现。它在很大程度上修正了很多人长期以来存在的种种"民族虚无主义"的谬见，打破了在这之前许多人为设置的学术研究禁区和桎梏。例如，《意匠》中言及"风水理论与建筑的联系""主持清代皇家建筑设计施工的建筑世家'样式雷'""清代大型皇家园林出自康熙和乾隆的大手笔计划"等，都是此前中国建筑史研究因长期限于意识形态或思维定式而鲜有涉足的领域。目前这些研究领域都有了长足的进展，以天津大学近20年来的研究为例——"王其亨教授通过对清陵风水的研究，发现风水理论可以解答过去研究中许多仅属于推测、判断的设计构思、理论和方法

---

22 曾昭奋：《莫宗江教授谈〈意匠〉》，载《新建筑》，1983（1），75-78页。

等问题，提出'为风水正名'"[23]，得到国家自然科学基金资助，对于"样式雷"图档的研究已取得根本性突破，中国建筑史学不少疑难或讹误得以澄清；获国家自然科学基金两度资助的"清代皇家园林综合研究"，以康熙、乾隆造园思想和成就为主要研究对象，已取得丰硕的阶段性研究成果——这些学术成绩都可以追溯到《意匠》当年带给学术界的"转折态势"和思维启示[24]。

回顾《意匠》的问世时代背景，毋庸讳言的是，这本著作在基本观点、思路和写作方法上都参照了李约瑟的《中国科学技术史》，而所用的研究材料几乎全部来自内地学界，它引起的轰动程度在某种意义上反映出当时内地建筑学研究环境封闭、与西方建筑界缺乏学术交流的境况。《意匠》的首次出版地点在香港，在这一大的环境背景之下它起到了"中国内地与西方之间的建筑学术中介作用"[25]。《意匠》

23 陈薇：《中国建筑史领域中的前导性突破——近年来中国建筑史研究评述》，载《华中建筑》，1989（4），32-37页。

24 就天津大学王其亨教授作为主要研究者的研究个例而言，据王其亨回忆，当他20世纪80年代就读硕士研究生时，他的老师陈明达先生曾热忱推荐他读《意匠》，他后来的研究颇受该书观点启发。

25 赵辰：《从"建筑之树"到"文化之河"》，载《建筑师》，2000（93），92-95页。

借用来自西方的杯盏，将内地的涓涓细流在香港汇成一股清泉，而后又回馈给大陆、台湾，成为带动中国建筑研究转折的开始。

如果放眼世界建筑学科的历史，像《意匠》这样的现象并非孤例。例如，耶稣会修士马克-安东·劳吉埃（Marc-Antoine Laugier）于1753年在巴黎出版了著作《论建筑》（*Essaisur l'architecture*），该书提倡在理性构成的建筑中使用纯净的柱式样式。这个论断对之后的建筑向理性结构转换有重大意义。虽然这并不是劳吉埃的原创观点（它是从另一位修士考德穆瓦（Jean-Louis Cordemoy）1706年鲜为人知的著作中承袭来的），但《论建筑》"毕竟正好在最佳的时间、最佳的地点，以最佳的表达方式吸引了已成为全欧洲建筑活动最重要的中心所在地的广泛关注"[26]。再譬如奥托·瓦格纳（Otto Wagner）的德文著作《现代建筑》（*Moderne Architektur*）1896年于维也纳首次出版，虽然书里陈述的原则早已在法语和英语国家广为传播，但在德语区依然大受欢迎，此后于1896年、1902年、1904年多次

---

26 Fil Hearn：*Ideas that shaped buildings*，the MIT Press，Cambridge，2003，9.

再版 [27]。

因而,《意匠》的历史意义在于它在合适的时间、合适的地点,以合适的表达方式吸引了中国建筑学界的广泛关注,进而推动中国建筑研究向深层次发展。随着文化、学术"全球化"发展的强劲趋势和交流方式的日益便捷,今后在中国可能再难有建筑理论著作可以达到《意匠》曾在国内学术界引起的轰动程度。

吴良镛在 1999 年发表的《关于中国古建筑理论研究的几个问题》一文中,回顾了中国建筑研究的历程,并将其划分为三个历史阶段。他认为对中国建筑的研究在经过前两个阶段达到一定的广度之后,逐步地进入了第三阶段,也就是理论研究的阶段; 这一阶段的研究亟需而且已经做的工作,就是在已有的基础上展开对建筑理论的探索,把研究上升到较为系统的理论高度 [28]。作者列举了 20 世纪 80 年代至 20 世纪 90 年代间,在这些方面作出可贵尝试的一

---

27 Fil Hearn : *Ideas that shaped buildings*, the MIT Press, Cambridge, 2003, 16.

28 吴良镛:《关于中国古建筑理论研究的几个问题》,载《建筑学报》, 1999 (4), 38-40 页。

些建筑学者的研究成果，李允鉌的《意匠》就赫然在列，并且是其中最早公开出版的著作。从这个意义上来说，《意匠》的问世，标志着中国建筑界一个学术时代的开始。

桎梏一旦冲破，学术的繁荣必将大兴于世，《意匠》正是以其先导的姿态而成为一个学科的历史图标。它在研究方法上对学科的贡献远远大于其本身的内容或哪个结论，而它在研究方法上的突破较其研究方法本身又更具历史意义。带着这样的体会，重读《意匠》，苏子所说的"逝者如斯，而未尝往也"，这样的感触不禁油然而生。

《上栋下宇：历史建筑测绘
五校联展》编者序[1]

　　正如标题所揭示的，《上栋下宇：历史建筑测绘五校
联展》一书是由清华大学建筑学院、天津大学建筑学院、
北京大学考古文博学院、东南大学建筑学院和同济大学建

1　本文作为该书编者序由天津大学出版社于 2006 年出版。

筑与城市规划学院（后三方以加入展览筹备先后为序）以2004年联合主办的联展内容编纂而成。这种全部以历史建筑测绘和研究成果为展品的展览在1949年以后还是第一次举办，最初发起者为天津大学建筑学院和清华大学建筑学院。秉承两院学生间长久以来定期交流的传统，双方决定于2004年秋测绘实习结束后随即举办两校间的测绘成果展览，借以加强建筑历史、古建筑测绘的教学交流，增进了解，互通有无，共同进步。在展览筹备期间，北京大学考古文博学院、东南大学建筑学院和同济大学建筑与城市规划学院闻讯陆续加入，使参展方从两校扩大到五校，展览也最终定名为"历史建筑测绘五校联展"。五校中有四个学校的建筑学院均有半个世纪以上的历史建筑测绘传统，以测绘为内容的课程一直是四校及其他一些高校建筑院系的专业必修课。

这次展览共展出60块展板，精选了五校历届学生绘制的历史建筑测绘图400余张。绘制手段和技法，包括铅笔、钢笔黑线、国画、水墨渲染、水彩渲染、计算机制图和模型制作等，许多图纸本身已经成为珍贵的文物。测绘的对象，上自北朝、五代、辽、宋遗构，下至清季、民国史迹，时间越千年之久。恢宏雄伟如北京故宫太和殿、太庙享殿及明长陵祾恩殿之皇家三大殿，纤丽多情如江南宁沪间诸多士人园墅。村落民居，伽蓝石窟，浮屠经幢，石梁道藏，几乎涵盖了中国传统建筑各种等级、样式和用途的众多实例，琳琅满目，异彩纷呈。

五校测绘的足迹，几乎遍及国内所有的省、自治区、直辖市，甚至还曾远涉重洋踏足非洲。

从2004年8月下旬开始，各方认真磋商，精心准备，联展最终于9月20日下午在发起方之一清华大学建筑学院开幕。各校代表汇聚一堂，在祝贺此次五校联展首次举行的同时，分别介绍了各自学院进行历史建筑测绘的概况，表达了各自对历史建筑测绘在建筑学或文博专业教育中的地位、作用的理解。对于联展的未来以及各参展方今后在相关领域的进一步交流与合作，各校代表也都寄予厚望。参展各方还听取了天津大学建筑学院代表作的"古建筑测绘教学改革的理论与实践"专题报告，并就此展开了热烈的讨论。

在接下来的10月、11月间，展览在参展各校间巡回展出。接着华中科技大学、沈阳建筑大学、西南交通大学等高校又先后借展。联展不仅受到展出地高校大批建筑学、城市规划、文物建筑等专业师生的广泛关注和好评，还吸引了其他专业、其他高校师生甚至普通市民的目光。不仅达到了预期的扩大了解、增进学术交流，借以提高历史建筑测绘和教学科研水平的目的，而且还扩大了高校所参与的文物保护工作的影响，宣传了保护文化遗产的重要意义，取得了良好的社会效益。

梁思成先生在1944年出版于四川省南溪县李庄的《中国营造学社汇刊》第七卷第一期《为什么研究中国建筑》一文的结尾指出：

"以测量绘图摄影各法将各种典型建筑实物作有系统秩序的记录是必须速做的。因为古物的命运在危险中，调查同破坏力量正好像在竞赛。多多采访实例，一方面可以作学术的研究，一方面也可以促社会保护……研究实物的主要目的则是分析及比较冷静地探讨其工程艺术的价值与历代作风手法的演变。知己知彼，温故知新，已有科学技术的建筑师增加了本国的学识及趣味，他们的创造力量自然会在不自觉中雄厚起来。这便是研究中国建筑的最大意义。"

时至今日，实现这样的意义在很大程度上仍然是建筑、文物保护及相关学科中教育、科研活动的历史使命，也正是这次五校联展的旨归。虽然营造学社停止工作已经60年了，但它播下的火种早已形成燎原之势，联展的成果也正是这一景象的生动写照和历史检阅。

书稿付梓在即，我们有幸邀请到 60 多年前就开始从事历史建筑测绘的著名古建筑和文物保护专家、原中国营造学社成员罗哲文先生为这部图集著序。在此，向罗公对我们长久以来的关怀与期望谨致谢忱，对他的宽厚和坚毅表示敬意。国家文物局局长单霁翔先生在繁忙的公务中也拨冗为本书作序，我们深感荣幸，并对他的支持和关心深表感谢。

虽然出版时间紧迫，德高望重的考古学家、北京大学教授宿白先生还是欣然应邀为本书题写了书名，给了我们莫大的鼓舞，在此谨致诚挚谢意。

当然，我们更要向历年参加历史建筑测绘的所有教师和学生表达我们最崇高的敬意和最衷心的感谢，今天的丰硕成果无不源自他们默默无闻的奉献和无与伦比的聪明才智，尽管他们中间大部分人的作品并没有出现在这本图集里。

最后，我们也想借此向全国文博系统的工作人员表达深深的敬意，这本图集与他们光荣而艰辛的工作，与他们的汗水和智慧也是密不可分的。

中国建筑史及其学术史 [1]

《建筑学报》创刊以来,伴随中国建筑研究走过风雨60年的历程,忠实记录了一代又一代建筑学人的历史想象

---

1 本文原是著者作为组稿人为《建筑学报》60年纪念专刊"中国建筑史及其学术史"专题撰写的编者按,载于《建筑学报》2014年第09+10期。

与情怀，积累了极为珍贵的历史文献。本专题汇集当下颇具代表性的研究成果，亦是致敬本刊创刊人梁思成先生，缅怀他和众多前辈学者为中国的建筑历史学术成长付出的心血与贡献。

本专题刊载的11篇文章，围绕"中国建筑史及其学术史"这一主题，既有对10年来国内建筑历史研究动向的整体勾画，以及对乐嘉藻、朱启钤、梁思成、刘敦桢和林徽因等前辈学者建筑史学思想的新评；亦有华南学者"本地人言本地事"的本地化研究，以综述性的华南民居30年研究总览与具体的唐家湾空间实验的案例分析两相对照；又深入帝国想象，一探不同历史时期"中华正统"逢遇各种社会、政治与文化情形时每一次"现代化"的塑造形式与机制；或论弗格逊其人、"建筑"一语，以揭示近代以来"中国建筑"知识在欧、中各自语境下形成过程中所体现的深刻社会观念变迁；更有细微的观察——首都显宦领衔倡建于本乡的金属建筑与江南园林的"桧柏亭"这样不经见的建造，是如何发生在明代后期巨大的交通与信息传播所构建的社会网络之中；专题也邀请到专攻于古代建筑图像阅读的学者，以梁思成先生80余年前即开启的对敦煌壁画的建筑图像研究为例，展现这一建筑史研究永恒话题的历史步伐。总之，专题旨在以不同话题、不同立场、不同视角乃至不同的写作方式，相互映照，于历史的重构与阐释中，展现当下建筑历史研究者面貌纷呈的研究观念与方法手段。

中国营造学社 90 周年 [1]

在现代以来的中国建筑学术史上，常被称为"营造学社"的中国营造学社，大概是最为人熟知的名字之一。

营造学社的名字不仅在成立之初即远播海外，而且影响早已超出了建筑界，在国人的心目中成了研究中国建

---

1 原文作为编者按载于《建筑学报》2019 年第 12 期。

筑——甚至迁移为"中国建筑"——的化身。多年来，营造学社的名字，以及先贤们富于传奇色彩的学术征程，宛若不灭的灯塔，指引一代又一代年轻学人开启专业学习之路、憧憬投身社会的未来人生，点亮他们美好的世界想象。同时，营造学社久享的盛名，多年以来又似乎变成了聚在灯塔周围的迷雾，愈是接近就愈觉浓厚。

这当然首先缘于百年来海内多变的局势，以及在此情形下，学社运转期间种种人世的聚散与分合，但更重要的或许是仰望这座灯塔、回顾这段历史时，观者自身是否抱有冷静的、不随意从众的历史定位和学术自觉。而此种看似冷静的超越性，正是学社先贤们注释解读《营造法式》、调查品鉴宇内古迹、书写中国建筑史、探究新的中国建筑时，所抱有之态度、所体现之精神，也是学社研究之于社会的最大贡献。

于是，在学社成立 90 周年之际，和读者们一起重温这样的态度和精神，就成为本期纪念专刊结集的希冀。在物质工具高度发达的今日，此种针对"无用之学"的体味，就显得更加珍贵和温暖。

结集的文稿中，既有直接对学术史的回溯、解读和评论，也有对新时代建筑史研究的探索、开拓与重构，还有对学社工作时期即开始关注的学术主题与案例的延续和深描。多位撰稿者都是在建筑史研究园地久事耕耘的资深学者，他们或受业或私淑，都曾经历过学社先贤的指导与熏陶，他们的著述承续前辈的研究，亦已成为汇入中国现代建筑学术长河的重要源泉。值此纪念学社成立 90 周年之际，又蒙他们分享宝贵的研究成果与心得，是我们深为感激的。

营造学社富藏的图档书刊，不仅有珍贵的史料价值，而且当年系统的蒐集整理本身就已经是极为重要的学术成果，体现了朱桂辛先生的远见卓识。这批资料移至文整会（旧都文物整理委员会）以来 60 多年，一直为学界所珍视，本次得到中国文化遗产研究院的大力支持，也专门对其中有代表性的内容做了择要的介绍。

90 年前，在营造学社成立之初，朱桂辛先生即申明："曰中国营造学社者，全人类之学术，非吾一民族所私有"，并以"但务耕耘，不问收获"之语与同仁共勉。今天，若有一位学建筑的年轻人，由于某种因缘，碰巧翻开了一页《中国营造学社汇刊》，不妨静下心来继续读下去，这样你就有可能会遇见梁思成、刘敦桢、林徽因还有他们的同好。他们的写作彼此映照、相互影响，一起呈现出 20 世纪在这片土地上对中国建筑的最美妙的思考。

纪念佛光寺唐代建筑发现 80 周年 [1]

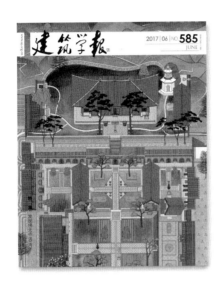

　　吾国现代建筑学术史中最具传奇色彩之事件，当属梁思成一行于民国二十六年（1937 年）对佛光寺唐代建筑的探访与发现 [2]。谓之传奇，因其经过的跌宕起伏，由梁公妙

---

1 原文载于《建筑学报》2017 年第 06 期，与此稿略有区别。

2 因为众所周知的原因，完整介绍此次发现的文章未能随后（转下页）

笔道来[3]，亦"别有一种魔力"[4]，如此牵动人心；谓之传奇，

（接上页）及时问世。在接下来中国营造学社因战事迁往云南、四川期间及回到北京以后，梁思成作为此次发现的主导者和中国营造学社的中坚领导，曾先后于1941、1944-1945及1953年发表了数篇文章，中外学界才得以开始了解佛光寺建筑的基本情况。

见 Liang Ssu-cheng（梁思成）：*China's Oldest Wooden Structure*，Asia: Journal of the American Asiatic Association，1941，41(7): 384-387.

梁思成：《记五台山佛光寺建筑》，载《中国营造学社汇刊》，1944，7(1)，13-62页。

梁思成：《记五台山佛光寺的建筑——荟萃在一寺的魏、齐、唐、宋的四个孤例；荟萃在一殿的唐代四种艺术》，载《文物参考资料》，1953（5-6），76-89、91、93-121页。

3 在注释2提到的几篇文章中，梁思成都叙述了此次调查和发现的过程，但略有差别，颇可互相参看，尤其是英语和汉语写作的方式和重点都有所不同。

4 此处借用梁任公自谓之语。梁启超在总结有清一代学术的名著《清代学术概论》中，于"梁启超的今文学派宣传运动"一节末尾评价自己的写作云："然其条理明晰，笔锋常带情感，对于读者，别有一种魔力焉。"见梁启超：《清代学术概论》，上海，上海古籍出版社，1998年，86页。梁思成的建筑史写作，也可以看出这种文风的影响。关于梁思成的写作文风，我曾以其关于独乐寺的写作为例略作申说，并强调此问题要比之前有学者稍加提及的更复杂。

夏铸九：《营造学社——梁思成建筑史论述构造之理论分析》，见《空间，历史与社会：论文选 1987—1992》，台北，唐山出版社，2009年，7-9页。（转下页）

以其结果的一旦得证[5]，见诸"庞大豪迈之象"[6]，且有唐代"四艺萃聚"于一身[7]，如此振奋人心；谓之传奇，在其影响经久不息，萦绕于一代又一代建筑学人的胸怀，时时激荡人心。

本期"发现佛光寺"特集的问世，就是此"佛光寺传奇"

（接上页）陈涛：《五台山佛光寺祖师塔考》，载《中国建筑史论汇刊》，北京，清华大学出版社，2009年，65-80页。

丁垚：《发现独乐寺》，载《建筑学报》，2013（5），1-9页。

5 此处借用梁思成成语，原文则云："国内殿宇尚有唐构之信念，一旦于此得一实证。"

见梁思成：《记五台山佛光寺建筑》，载《中国营造学社汇刊》，1944，7（1），第14页。（《记五台山佛光寺的建筑 —— 荟萃在一寺的魏、齐、唐、宋的四个孤例；荟萃在一殿的唐代四种艺术》第78页基本相同。）

6 此处借用梁思成成语，原文云："殿斗栱雄大，屋顶坡度缓和，广檐翼出，全部庞大豪迈之象，与敦煌壁画净土变相中殿宇极为相似，一望而知为唐末五代时物也。"

见梁思成：《记五台山佛光寺建筑》，载《中国营造学社汇刊》，1944，7（1），第17页。（《记五台山佛光寺的建筑 —— 荟萃在一寺的魏、齐、唐、宋的四个孤例；荟萃在一殿的唐代四种艺术》第82页基本相同。）

7 此处亦借用梁思成成语，原文云："佛光寺一寺之中，寥寥数（转下页）

经久不息影响的见证。品味每位作者的文字，或可体察其心头所激荡为何：或为其牵动人心的经过，或为其振奋人心的结果，或为 80 年间前辈与同仁所共同激荡的思绪，而今又以写作投身其间，无法分割，不能释怀。朱光亚老师以几十年闻见与亲历，流露出学者兼教师的关切，讲述最为动人：

"只要站在东大殿的檐下，听那殿前沙沙的松涛声，千年古刹所产生的历史定力，便沁入心扉。"

年复一年，建筑学子从四方来、依四时聚，访古刹，听松风，感受尽在此句。

王军先生钻研"梁林之学"有年，穷极史料、多所发明，今又为本期特集专门撰写《五台山佛光寺发现记》，首次揭橥唐构得以确认的具体日期是 7 月 5 日，并指出发现佛光寺唐代木构与梁思成中国建筑史研究体系的重大关联。

（接上页）殿塔，几均为国内建筑孤例：佛殿建筑物，自身已为唐构，乃更蕴藏唐原塑画墨迹于其中，四艺萃聚，实物中诚属奇珍。"
见梁思成：《记五台山佛光寺建筑》，载《中国营造学社汇刊》，1944，7 (1)，23-24 页。（梁思成：《记五台山佛光寺的建筑 —— 荟萃在一寺的魏、齐、唐、宋的四个孤例；荟萃在一殿的唐代四种艺术》第 88 页基本相同。）

作者多年前亲耳聆听当事人莫宗江先生的真切回忆，这段口述历史的原始材料亦在本文首次完整公诸学界，弥足珍贵。

探究建筑中蕴含的数学与几何关系，是建筑学历史上长久以来的传统，也是国人自从20世纪以现代建筑学术认知古代建筑开始就一直耕耘的领域。王军《发现记》即颇涉此节，而肖旻、王南两位更以专文展开了集中而详细的探讨。王南的文章揭示出，佛光寺大殿的建筑与像设设计，综合运用了以 $\sqrt{2}$ 和 $3\sqrt{2}$ 这样基于方圆作图的比例关系，而此形式所指向的是极为古老的文化理念，于是在给读者极大震撼的同时也让人对这一渊源的产生报以极大的想象空间。肖旻则是从清华大学数年前公布的数据与分析出发，对佛光寺大殿尺度规律的可能性详细加以验算，质疑已有分析的内在逻辑矛盾，进而提出了足材（约441毫米）应是大殿设计的基本模数的新看法，并将此结论置于更大时段的中国建筑史框架内作出了解释。两文对佛光寺大殿的分析都基于数年前清华大学公布的数据和图纸，而前者的探讨因为涉及塑像尺度，于是又以天津大学近年测绘数据为补充，这一点亦反映出基础工作的重要和永无止境。

两篇题目与斗栱有关的文章，都深具日本建筑史研究的学术背景，也都将佛光寺大殿和公认与其很有关系的唐招提寺金堂相比，而实际上问题指向却十分不同。清水重敦先生的文章以斗栱中的下昂为观察点，比较中日唐宋时期（7—12 世纪）的木结构实例，指出像佛光寺大殿这样古老的北方建筑，其下昂就已经绝少结构意义，而只是十分独立的斗栱（组合）的构件而已；相比佛光寺（及以后）的这种改良后的（新）形式，同时期的日本和中国南方还留存有更具结构意义的古老下昂。温静的文章则是指向斗栱的造型作用，或者称为在空间限定上的意义。在与其他实例的比较探讨之后，更加确定了佛光寺大殿在斗栱设计上的形式主导原则，而这在相当程度上也是"殿堂"建筑所代表的该时期中国高等级建筑的共性。有趣的是，清水往复于宏观与微观视野之间的论证，刚好为温静的文章提供了支撑，即佛光寺的斗栱其实并不是那么结构主导，于是，后者集中对佛光寺与唐招提寺的斗栱进行比较，以及由此得到的对佛光寺完美设计的夸赞，也不妨看成是前者研究的继续。

由建筑指向皇权与宗教，是任思捷文章的鲜明特点。将今存佛殿置于初唐时期的上层权力运作以及佛教义理建设之中观察，发前人所未发，确实极大拓展了读者对大殿、佛光寺乃至五台山的认知与想象空间，体现出作者深受其影响的英语东亚文化研究的学术旨趣。颇令人注意的是，若与朱光亚老师提及的陈涛近年对佛光寺祖师塔的研究[8]相参，二者竟似殊途同归。尽管一论殿，一论塔；一谈像设，一谈葬法；一涉华严，一涉天台；一在唐（武后、中宗），一在隋（皇子即炀帝）。但究其在佛教言佛寺的出发点以及详核内典的论证策略，则是当今汉语写作的建筑学界所不多见的，而又刚好出现在对佛光寺西坡山崖下这两座比邻的古老建筑的研究之中，如此巧合，实在令人击节。相比之下，在两者对佛教义理的推究之余，对殿塔建筑自身的所谓形制特征的详细探讨却又都付之阙如，读之颇觉意犹未尽。

梁思成一行探访佛光寺七年之后，首次以古雅的汉语写作向学界介绍这次牵动人心的旅行和发现，文辞隽永，

---

8 陈涛详细考证了唐宋时期有关佛光寺的史料，推测祖师塔应该建于8世纪上半叶、业方禅师（《广清凉传》作"乘方禅师"）在佛光寺期间，而源于南朝天台智者大师的真身塔葬法已流传到五台山，则是这一建造的关键原因。

见陈涛：《五台山佛光寺祖师塔考》，载《中国建筑史论汇刊》，北京：清华大学出版社，2009年，65-80页。

一如先前北平所著《考》《记》⁹，唯作者已移席李庄窗前，乘耳畔大江涛声以追忆台山松风。在艰难复刊的《中国营造学社汇刊》第七卷第一期，这篇《记五台山佛光寺建筑》位列正文的第二篇，第一篇则是梁公署编者之名执笔的《为什么研究中国建筑》¹⁰，作者在该文结尾写道：

"研究实物的主要目的则是分析及比较冷静地探讨其工程艺术的价值与历代作风手法的演变。知己知彼，温故知新，已有科学技术的建筑师增加了本国的学识及趣味，他们的创

---

9 如梁思成撰写的介绍蓟县独乐寺、宝坻广济寺以及正定、大同、晋中等地古建筑调查的文章。

见梁思成：《独乐寺观音阁山门考》，载《中国营造学社汇刊》，1932，3（2），1-92 页。

梁思成：《宝坻县广济寺三大士殿》，载《中国营造学社汇刊》，1932，3（4），1-52 页。

梁思成：《正定调查纪略》，载《中国营造学社汇刊》，1933，4（2），2-41 页。

梁思成、刘敦桢：《大同古建筑调查报告》，载《中国营造学社汇刊》，1933，4（3，4），2-168 页。

林徽因、梁思成：《晋汾古建筑预查纪略》，载《中国营造学社汇刊》，1934，5（3），12-67 页。

10 陈明达先生曾在纪念梁思成先生 85 周年诞辰之际撰文回顾梁先生对中国建筑史研究的贡献，特别提到当时未被收入《梁思成（转下页）

造力量自然会在不自觉中雄厚起来。这便是研究中国建筑的最大意义。"

毋庸置疑，本期因纪念发现佛光寺 80 周年而汇集的各篇专文，首要的价值在于承载了每位作者求真的思考，而与此同时，就像梁先生所提示的，这些一线研究者的真实体会若能汇集到面向更大规模的中国建筑师的专业知识中，那么，"他们的创造力量自然会在不自觉中雄厚起来"，这样的局面也是我们翘首以待并愿意为之努力工作的。

(接上页)文集》的这篇文章，并详细分析解读这篇文章的写作主旨。
见梁思成：《为什么研究中国建筑》，载《中国营造学社汇刊》，1944，7（1），5-12 页。
陈明达：《纪念梁思成先生八十五诞辰》，载《建筑学报》，1986（9），14-17 页。陈先生对这篇文章当属梁先生所作之判断是可信的。其后该文也收入《梁思成全集》第 3 卷。见梁思成：《梁思成全集·第三卷》，北京，中国建筑工业出版社，2001 年，377-380 页。

明代建筑 [1]

组稿座谈会后在故宫养心殿的合影

对于每一位致力于中国建筑事业的同仁而言，如何建立起自身实践与整个时代的联系，是每前进一步都会面临的真实困惑和挑战。一方面，正是这种共有的困惑和求索本身，汇聚成了整个时代的实践之全体；同时，每个人的求索，

---

1 原文作为编者按载于《建筑学报》2018 年第 5 期。

也伴随着对那全体之面貌的不断想象、对中国建筑之整体思考的持续发生。尽管这一思考无法限于建筑学科之内发生，但近代建筑学术特别是百年来汉语写作的建筑学术围绕这一思考的历史写作，无疑是建筑学科为所有开始参与这一思考的新来者提供的宝贵"镜鉴"。

本期开始选刊的一系列文章，即是将这一整体思考聚焦于明代：极具规模的实例与事例分布于大江南北、长城内外，地域特广；制度建设见诸典章文献，结构完整，遍及城乡。四篇文章的主要作者在各自领域都已耕耘多年，真知灼见在篇章之中俯拾皆是，但我们仍想在此申明，恰是因为明代材料的丰富多彩，这里就更希望展现深入思考的范例而非包罗万象的话题。而且，如果考虑我们今天正在对城乡建成环境的建设与改变，在多大程度上是在"明代的遗产"环境中进行，那么，不仅会凸显这样的深入思考的紧迫感，同时，在此思路之下，几乎每篇文章也都可以化为继续思考"那个时代"的过去、当下和未来的起点。这样的阅读也就跨越了彼时的"国界"和狭义的"中国建筑"的外延，从而必然跨入思考人类文明共有问题的领域——将这一提示，提供给每一位关心中国建筑的读者。

镜清斋深描：
中国园林的山水和营造 [1]

"云端镜清斋"总结会海报

　　百余年前清帝逊位，西苑镜清斋所在的一组小园移作他用，且增悬匾于门外，曰"静心斋"。静心与斋，已是

---

1 原文作为专题导言载于《建筑学报》2021 年第 11 期，署名丁垚、张凤梧。

同义复言，比之原名，显得太过直白，加之建筑格局改易颇多，乾隆经营此"园"的旨趣，竟泯然不彰。1936 年夏，乘原"中央研究院"史语所迁离静心斋之机，中国营造学社诸前辈探访测绘，体味"造园"意匠，颇有心得，数年后梁思成《中国建筑史》对其冠于北海北岸的"精巧清秀"布置做出精当评述：地形极不规则且面积极小，建筑物全部正向，这些看似都是不利的条件，却因此成就了"极饶幽趣""似面积广大且纯属天然"的无穷胜景。此后数十年间，刘致平、周维权、彭一刚、侯幼彬、胡绍学、王其亨等先生，对此小园的建筑设计、空间手法、园林艺术以及创作主旨等方面多有诠释与发现。近年的研究者，利用新的测绘技术数据，结合样式雷图档的解读，百尺竿头更进一步，对镜清斋初创以来的沿革、设计、建造、改易、装修、景观、叠石理水等诸多方面又加深描，这就构成了本专题的主要内容。在近两年的研讨和成稿过程中，我们多次前往现场踏察，得到了管理方的支持和帮助，特此深表感谢。除了本专题的文章作者外，李兴钢、张斌、柳亦春、董功、王方戟、王骏阳等先生也参加了镜清斋的研讨和学习，也期待他们深入思考的成果问世。

"深描"之前 [1]

百余年前，洛可可与文艺复兴艺术史学者喜龙仁的兴趣从意大利移向东方。文人绘画、佛教雕塑、故都城阙、江南园林，一时尽收目下。阅十年，《中国古代艺术史》问

---

1 原文作为专题"深描：古代营造的核心逻辑"的导言载于《建筑师》2020 年第 4 期。

世，其建筑篇之历史演变，述及造作（construction）与样式（style），聚焦于斗栱梁栿，特别是宋元木建筑的昂在斗栱与檐部构造中仍保有杠杆效果这一关键。当时所知的宋元木构尚寥若晨星，虽已有关野贞等日本学者的开拓在前，但喜龙仁的此种观察，在中国建筑史研究初期即关注斗栱的"营造意味"，今日看来仍可谓颇具专业之慧眼。不久以后，梁思成的《蓟县独乐寺观音阁山门考》发表，不仅大大强化了此种关注，而且层楼更上，宣称"斗栱犹如 order"，其论断与方法在国内的巨大影响，回荡至今。

本期第一组作者的文章，就仍是聚焦于斗栱这一经典命题，从著名的榆林窟千年前的佛教图像出发，提出了一种令人意想不到的假说。表面看来是独辟蹊径，实际则是在百年学术沃土继续深耕，其中包含着缜密的推敲、广泛的联系与精细的比对。值得注意的是，该文对几种铺作型的探讨，紧扣昂和华头子等构件的形式与组合，这些也正是喜龙仁当初就多加着墨之处。以敦煌壁画的建筑形象为根本材料，也正是梁思成开启唐代建筑研究时的突出表现。虽然现今所具的研究技术便利，已是当初梦想所不及，但基于视觉的研究若要发生，依旧取决于研究者沉静的凝视与内向的深思，体现为深耕领域内的已有研究方法或范式的全部亲历。

斗栱与梁栿的关联，也是第二组作者的文章焦点。同样是关注千年前的那段建筑时代，但并非针对图像的推测，而是围绕实例的解说。中国建筑在唐宋之间的转变和唐辽之间的演变，向来是学界关注的重大问题。梁思成、陈明达先生先后作出了划时代的学术贡献，该文就是在此宏大的追问之下所提出的一个看似新颖的观察视角。镇国寺、奉国寺两佛殿作为典型实例提出，其实已是作者广泛筛选之后的结果。两建筑规模迥异，地隔辽远，而在"放大镜"之下却有极为相似的营造表现，其中蕴含的文化与宗教"基因"之势不可挡，可见一斑。包括这两例在内，前后两文探讨的很多实例，都是 21 世纪以来又有不少调查资料新刊。不断更新与深入的基础工作，其承托整个学科的关键作用，是怎么高估都不过分的。

在种种文化领域，巴蜀地区的图景都堪称奇观，"古老而神奇"这样的重量级用语尚不能描摹出研究者心中的"现象级"震撼。第三组作者文章题目中的"滞后"二字，应是作者反复排查、比较近百例殿宇的转角、结角的内外构造后，小心翼翼采用的谨慎措辞。当初营造学社诸公入川，在战时纷乱的时局下，竟开辟了一番学术的新天地，学泽远被。近年来，关于巴蜀建筑的专题和个案研究亦层出不穷，调查、测绘过的元明木构实例，数量上不仅远超学社步履所及，而且也大大多于以往的预期。清初以前蜀中屡经酷难，明代遗存已属罕贵，遑论元构。本文竟可在90多例的庞大实例库之中展开种种探讨，这样的操作本身，即已意味着前人未曾经历的学术大变局已经到来。

与以上三篇"由结果的分析以推测动机"之建筑史研究的经典理路不同，第四组作者这篇有关侗族传统营造研究的突出特点，则是对工匠行为的"直接目击"。若暂时从其呼之欲出的人类学研究图景返回建筑问题，不妨与国人研究中国建筑之初的一种著名范式相对照——百年前朱启钤心目中的"营造学"因众多因缘汇成，今日看来最为关键的一种，即是他身为官员在工程营造过程中对工匠"知识"的广泛学习。营造学社发轫时的学术，包含所谓"清代官式建筑"者，其构成的一大基石，不也正是这种对工匠行为的"直接目击"吗？若先把数十年来或因重复学习形成的若干成见放在一旁，稍微转换视角，再来看梁思成受朱启钤嘱托所编著的名作《清式营造则例》，不妨视之为此学术机构对旧都北平营造工艺调查之阶段性总结，这样的研究，正是包括该篇侗寨调查在内种种地域工艺调查的先声。

穿斗和抬梁，是久为学界熟知的解析中国木构的基本型。以简单而不精确的表达述其概要，则是：前者为小构件灵巧的纵横穿插，后者为大木料笨重的层层叠垒。虽地域分布各有强弱，但任一实例的释读则常需综合二者。本栏目四篇文章，前两篇侧重抬梁：与梁栿等相比，铺作斗栱的叠垒愈渐趋于"精致"，其中斜置构件如昂与庞大梁栿构件等在构造上的安置和衔接，便成为极具观察效果的一大"变数"。这一问题在巴蜀一文仍然存在，只是"变数"更趋多样：第一，由来已久却仍具生命力的体型外观；第二，文化根植地关陇、川地（广大长江流域）各自的结构传统；第三，本地"适应性"的建造习惯；第四，不断即时更新传来的斗栱"柱式"之样式……犹如最复杂交响乐的高潮段，闻之让人惊心动魄。相比之下，侗寨调查则最为纯粹，营造对象几乎是专业视野下最纯粹的穿斗结构，营造过程更是"纯粹"到近乎无图无文，珍贵得就像一部默片，在工具无比发达的今日，让我们凭借它有机会反思某些重大的文化工具发明之前的营造生态。

对当今以汉语写作的很多学科而言，人类学家格尔茨（Clifford Geertz）高度的理论自觉、积极的文本意识和深刻的田野观察，让他身后的学术影响力即使在人类学以外的其他领域也与日俱增。本期"深描"栏目的命名，便是这样的表征。营造活动，是长久、复杂且充满变动的成熟的人类行为，对营造的"深描"，也是对人类自身的深入关怀和体察。当初格尔茨将"深描"的概念借用于人类学研究时，看重的应是其原本指涉的语言分析结构之深刻精妙，以及对人类思维模式分析刻画之细微贴切。在原本使用该词的分析哲学家那里，他们对语言本身的精密辨析，就是对人的心灵本质的深入探究。用汉语无准确性的比拟，可叫做由"文学"（语言的逻辑分析）而"经学"（分析哲学）。而在被格尔茨借用而作的人类学书志（notes）这里，则可称由"经学"而"史学"，他把整体的文化当成文本来阅读和阐释，将哲学家对人的心智本质的理论探求，扩转为人类学家对人类文化内涵的理论探求。这样的学术实践带给建筑研究或者说建筑史学的重要启示，首先映入读者眼帘的当然是他罕比的写作姿态和视文化综合体为文本的完整"阅读"格局，如其研究巴厘岛斗鸡的名作所自云："当我离开的时候，我已经花了与观察斗鸡同样多的时间在观察巫术、水利、种姓制度和婚姻上了。"仅就此而言，已足以让我们对本栏目四篇文章的作者抱有更大的期待：或是对石窟壁画的内容和绘制本身有更完整、深入的理解，或是对某时某地的"营造"现象有更大时空范围的比较和判断。而且，尤为重要的是，无论是哪种研究，更为深刻而积极的理论建构，追求精密的概念辨析，对于已有的扎实工作而言，是取之于此、用之于此的画龙点睛，对于自身和学界的研究未来，也是至为关键的可作继续讨论的出发点。梁思成"斗栱犹如 order"所承载的理论转移与重建，陈明达对"殿堂""厅堂"概念的提炼以及对佛光寺、奉国寺、海会殿诸型的提出，都是值得今日学人反复玩味的典范。

其实，上述以"深描"的转移摹写为纽带而发生的学术通变，类似的模式早已在中国学术的历史上反复发生，不停流转，或儒学，或庄老，或佛学，对于人的心灵与精神本质的深入追寻，总是缘自并且带来文学的繁荣，以及史学模式的新生。近百年来，最为学界称道的史学大师王国维对上古殷周制度之变的惊世之发覆，当然是源于康德、叔本华、尼采诸氏哲学启迪下而引发的对人性心智的深刻理解。而他对"一切文学，余爱以血书者"的转移摹写，虽最可与此"深描"概念之跨界旅途相比，但此以自身生命所实践的"文学"，作为中国学术"现代化"历程中仍待深描的惊天动地之事件，却不是我们"深描"的栏目这里所能赞一词的了。

读《礼器》[1]

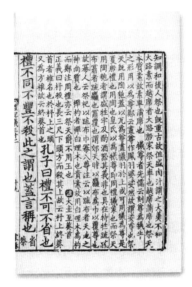

宋绍熙三年《礼记正义》书影

今天看来，礼，或者说孔子和他的追随者们心目中的礼，为他们所持续地反复诠释的礼，是一种艺术，一种宏大的行为艺术。如同呼吸的空气一般，支撑每一个生命，一并

---

1 撰文于 2020 年 6 月。

带给所有的生命，源源不竭。

谈到艺术，当然离不开超越性，离不开形式感，离不开这种形式感与其内容的关联，永远试图指向内心的一种关联性。但作为艺术的礼，除了这些之外，在被不断谈论、探讨和解释的过程中，还越来越具有一种特别明显的开放性，越来越趋向于把曾是限于某些人群或阶层的礼，描述、转化、"创作"为一种伟大的艺术，面向全体人类。或者说，正是因为这样的趋向，所以礼才真正成为人类的艺术，而不只是某些"礼仪"而已。这种开放，还有礼的低阶主体行为者在社会阶层中的下降、下沉，当然对应着春秋战国时期人群、社会的动荡和巨变，同时，也自始至终都包含着谈论者的理想与隐忧。

前几年的课上和课下，也都读过《檀弓》《乐记》《礼器》，但都不太完整，或者就是随便谈谈。这次虽然也还是随便谈谈，但大体持续下来了，每天读半小时，每周四次，到现在已经 100 多次了。已读过了《礼器》《曲礼》上下和《乐记》，目前正在读《丧服小记》，为了读这篇，先读了几条《檀弓》的事例，再读了《仪礼·丧服》，又返回《礼记》。今年过年后读的几十次，因为新冠之疫，就都是在网上进行的，对于这种只是半个小时我一个人讲的所谓读书班而言，反而比在学校到教室见面还方便了。

读《礼器》是这次读礼班的开头。

我们常说，提出问题更重要，在《礼器》这篇，正是这样。"礼器"是开篇的头两个字，仅这两个字，就已经提出了最核心的问题，此乃一种视角，即：以"礼"（这种伟大艺术）为工具（而运行的社会，是了不起的）——以礼为工具，以艺术为工具，不是以工具为工具。从《礼器》的作者看来，只有当以作为艺术的礼为工具时，社会中的每一个个体人，才有可能摆脱被工具支配的状态，真正与小猫小狗们区分开来，获得作为人的自由。

上学期在学校参加《礼器》阅读的几位同学，已经把这部分的讲解和谈论分头整理成文字，有的我之前做了一些修改，有的还没有。因为都是口水话，所以其实我们整理成文主要是为了给参加者留个纪念，至于真正的阅读价值，十分有限。但为纪念，我还是托孙雨涵同学寒假中把这些文字，按照曾印过的几种小册子的模板，排了一个小册子。依例还是要有个前言，于是就写了上面这些话。

纪念卢绳先生百年诞辰 [1]

　　2018 年 3 月 29 日是天津大学建筑学院创始人之一、建筑历史教学与研究的奠基人卢绳先生百年诞辰。41 年前，卢绳先生在学者的盛年遽然辞世，深为国内建筑界所痛惜

---

1 本文是著者 2018 年代表建筑历史与理论研究所在卢绳先生百年诞辰纪念会上的发言稿，并作为序言载于《星野学行记：卢绳先生纪念文集》一书，文物出版社 2022 年出版。

与惋怀。

卢绳先生是 20 世纪中国现代建筑学术的诞生与变迁的见证者和亲历者。他早年求学于沙坪坝时期的中央大学，毕业后入李庄中国营造学社，亲炙刘敦桢、梁思成两位中国建筑学术先行者的教诲。26 岁开始任教中央大学建筑系，为刘敦桢先生助教；31 岁北上任教于北京大学、唐山工学院与中央美院；34 岁开始执教天津大学廿五载，直至去世。

卢绳先生是 20 世纪中国建筑史学的书写者。他参与了李庄时期中国营造学社对西南地区古建筑、墓葬等文物的实地测绘调查，成为《中国营造学社汇刊》复刊之后的撰稿人之一，也是协助梁思成、林徽因先生撰写具有里程碑意义的《中国建筑史》的重要成员。执教天津大学以后，他还参加了国家建委建筑科学研究院组织的《中国古代建筑史》，南京工学院与天津大学合编的中、外建筑史教材以及中国科学院主编的《中国古代建筑技术史》等几部建筑史的编审和撰写工作。

卢绳先生是北方古代建筑和城市历史研究的开拓者。在梁思成、刘敦桢等主持中国营造学社 20 世纪 30 年代的五年华北考察之后，50 至 70 年代，卢绳先生在近 30 年的时间里调查了以京津冀地区为中心的华北、东北一系列重要古建筑，从北京城的宫殿、坛庙、苑囿，到高山与平原间的寺庙、塔幢、民居，不管时局如何变化，只要有机会，卢绳先生就收拾好行装深入田野、拿起钢笔开始写作，在艰苦的条件下，为那个时代中国建筑史的书写贡献了极为浓重的一笔。

卢绳先生是投身于国家文物保护事业的实践者。在1950年国家文物局成立之初，卢绳先生即开学者为文物局政令提供咨询之先河，将自己在大同现场考察发现的问题呈报郑振铎局长，成为特殊时期指导地方文物保护工作的有效方式。在接下来近30年的时间里，卢绳先生在教学与研究活动中，与国家文物局、故宫博物院、北京园林局以及各省地市县的文物保护部门都有友好密切的往来，结成了长期互信合作的关系，堪称我国文物保护事业历史上高校学者与文保单位真诚交流、良好合作的典范。

卢绳先生以对国家民族的热爱、对同事同人的友爱、对学生晚辈的关爱，铸成了他温文儒雅而又百折不回的学术与人格风范。每一位曾经在或正在天津大学的学习者，都深受这一风范的恩惠，常常心怀感激。正是卢绳先生和徐中先生等老一辈教师的不懈努力建设，才奠定了天津大学建筑学院在专业教学、研究及服务社会建设各方面的高水平起点和基础。卢绳先生精心打造的古建筑测绘实习这一综合性教学实践课程成为天津大学建筑学院一代又一代学子最为珍爱的专业历练与青春记忆，这一国家级精品课程也成为天津大学建筑学院不断自我完善、在国家民族面对新的时代使命的未来阶段培养合格人才的关键支点。

今天我们纪念卢绳先生，重温他的诗词、文章、画作、论著，可以深刻感受到一名优秀的建筑史学家与学者、一位好老师这样的身份之外的卢绳先生，感受到一位承载了如此之多中国传统知识分子特质的诗人卢星野，身为儿子、丈夫、父亲、外公等家庭身份的卢星野先生，感受到他的亲人、学生、同事、朋友曾经感受过的温暖。

《卢绳建筑水彩画选集》
整理前言[1]

　　这里选编的 59 幅建筑水彩画，是 20 世纪长期在天津大学执教的建筑史学家卢绳先生所作。

---

1 本文是《卢绳建筑水彩画选集》的前言，浙江摄影出版社 2018 年印行。

卢绳（1918—1977），字星野，南京人，1938-1942年在中央大学建筑工程系学习，毕业后加入李庄中国营造学社任研究助理。其后历任中央大学、北京大学、唐山工学院、中央美术学院等校的教职，1952年开始任教于天津大学，直至去世。

卢绳先生在中央大学学习期间，就经历了三个学年水彩画课程的持续学习；自1942年加入中国营造学社之后的几十年间，一直从事中国建筑史的研究和教学工作，亦是不辍画笔，勤于写生，本集选录的水彩画就是忠实的见证。

这些水彩画大约都绘制于20世纪60年代以后，除了几幅是根据遗址复原图所绘的之外，其他几乎都是卢绳先生亲身观摩或调查测绘过的建筑现场。但这其中大部分却不是写生，而是鸟瞰视角的建筑组群图。这样的水彩画颇具建筑学科的专业特点，既富艺术性，也有科学谨严的描述效果，需要作者对画中各建筑的造型和细节有充分而准确的把握方可实现。

卢绳先生在20世纪50年代以后曾致力于清代陵寝与承德古建筑的研究，所以这两部分的画作也较为集中，特别是与清代陵寝有关的16幅水彩画，大部分都是深入且生动的分析图，即使在今天也仍然十分具有理论层面的启发性。

同时，需要说明的是，由于时代和条件的限制，这些水彩画都不是绘于专门的水彩纸上，而是绘于普通的单面绘图纸的正面，每幅长 39 厘米，宽 27.2 厘米，还有少量画作是画在更薄的白纸上，比绘图纸略长一些。这些画纸以及画笔和颜料，应该都是从当时七里台的学校商店里购买的。这些条件的局限，虽然难免会影响水彩自身特有的表现效果，但仍掩盖不住作者纯熟的技法和对整体画作胸有成竹的掌控。

今年是卢绳先生百年诞辰，先生的亲朋、学生、校友及学界同仁都十分关注先生著作的整理与面世，这份珍贵的画稿就是在此时机下由先生的亲属提供并嘱托我们整理出版的。徐凤安先生一直关心中国营造学社先贤文章画作的整理出版，此次卢绳先生建筑水彩画的面世亦蒙徐先生相助，并精心遴选材料技术，值此天津大学 123 年校庆前夕付梓以飨海内外学人，隆谊可感，特此鸣谢。

天津大学章又新教授是久负盛誉的建筑绘画名家，曾多年执教在天津大学建筑系美术教育的第一线，笔者二十余年前读书时亦有幸亲炙章先生的教诲。卢绳先生是章先生近七十年前学建筑入门时的老师，章先生感恩先师的道德文章，对我们的整理工作关怀备至，本集建筑水彩画的整理也得到了章先生亲切的指导。

纪念冯建逵先生百年诞辰 [1]

冯建逵《古建写生与透视画辑》，1989年

　　冯建逵教授是天津大学建筑学院的奠基人之一，在建筑历史研究、建筑设计实践和建筑专业教育领域均取得了卓越的成就，是天津大学建筑学派的卓越代表。

---

1 本文是著者与吴葱教授为冯建逵先生百年诞辰纪念会共同撰写的。

冯建逵先生 1918 年 1 月 19 日生于天津，自幼受到良好教育，1938 年以优异成绩考入北京大学建筑工程系，师从当时的著名建筑师沈理源、朱兆雪、华南圭等业界前辈，学习成绩优异，设计尤为突出，多次获得奖学金。

1942 年冯先生毕业后，成为沈理源先生的助教，不久以后也开始兼任天津华信工程司建筑师，开始了他持续 60 余年的建筑教学与建筑设计生涯。1942 年至 1952 年 10 年间，冯先生先后在北京大学工学院建筑工程系、天津工商学院（后改为津沽大学）建筑系任教，讲授建筑设计与建筑绘画课程；以建筑师的身份，承担华信工程司的主要设计业务，参与或主持过京津两地不少住宅、工厂、银行、影院等设计项目。在此期间，冯先生于 1943 年末，受聘担任基泰工程司的古建筑测绘技师，参与了朱启钤先生倡导、张镈先生主持的古都北京中轴线古建筑的大规模测绘项目。这批在特殊时局中完成的精美测绘图纸，详实完备，达到了工程制图与艺术表现的完美统一，多年来饮誉学界，在今天古代建筑研究和文物保护工作愈加成为时代需要的新形势下，愈加显现出其历久弥新、不可磨灭的光辉。这次在中国现代建筑学术史上具有里程碑意义的事件，主要的参与者，就是我们天津大学建筑学院前身之一 —— 天津工商学院建筑系的师生。他们的巧思与画笔，是汇成天津大学高水平专业教学与实践的重要源泉，这一事件，也成为天津大学古建筑测绘研究的光辉起点。冯建逵先生就是这一学术传承的见证者与亲历者。

1952 年，全国高等院校"院系调整"之后，冯先生随津沽大学，即更名之后的天津工商学院建筑系，合并入天津大学土木建筑工程系，与徐中、卢绳、沈玉麟等诸位先生一起，为新建的天津大学建筑系的创办与发展作出了奠基性的历史贡献。在接下来的几十年间，冯先生历任建筑设计教研室主任、建筑系副主任、建筑系主任等职，推动和见证了天津大学建筑系在恢复高考之后的拓展和进步。20 世纪 50 年代建校期间以及后来的数十年间，冯先生还兼任天津大学基建处以及天津大学建筑设计院的工程师、总建筑师之职，负责天津大学、南开大学、天津化工学院等单位的校园规划及建筑设计工作。他主要参与设计的大学校园建筑，已成为反映时代风貌的宝贵文物，成为天津大学一代又一代建筑学子的入门教科书。

冯先生也是天津大学建筑历史与理论学科的主要奠基人之一。20 世纪 50 年代建系之初，他与徐中、卢绳等诸位先生共同开创了天津大学的中国建筑历史教学体系，并积极倡导将建筑设计教学与建筑历史教学紧密结合、将课堂教学与中国古建筑测绘的实践教学紧密结合，参与或主持中国古建筑测绘课程，长期坚持不辍，形成了天津大学中国古建筑测绘课程的鲜明特色与独特优势。自 50 年代至 90 年代，冯先生先后参与、组织了河北承德避暑山庄、北京清代内廷宫苑、明清皇家陵寝等重要文物建筑的古建筑测绘工作。1989 年，由先生领衔的"中国古建筑测绘实习——提高建筑教育质量的重要综合性实践教学环节"荣获国家教委颁发的"全国高等学校教学成果国家级特等奖"，这份至高荣誉的获得是全体师生共同努力长久积累的结果，而毋庸置疑的，是冯建逵先生承前启后、在其中起到的关键作用。冯先生退休后，仍讲授硕士生"清式营造法"课程至 83 岁高龄，并依然密切关注中国古建筑测绘课程的未来发展。时至今日，先生所倡导创建的古建筑测绘课程已成为国家级精品课程，"文物建筑测绘国家文物局重点科研基地"也已落户天津大学。几十年来，天津大学建筑学院先后完成了包括明清皇家陵寝、承德避暑山庄和外八庙、曲阜孔林孔庙孔府、平遥古城、北京故宫、颐和园、天坛、沈阳故宫等世界文化遗产在内的众多古建筑群测绘，在此基础上形成的研究成果应用于相关文物保护规划、修缮设计和世界文化遗产申报诸方面的工作，取得了学术成果与社会效益的双丰收，冯建逵先生为此作出了不可磨灭的贡献。

冯先生学养深厚，淡泊名利，治学严谨，诲人不倦，为人低调谦和，平易近人，他的专业水准和处世之风向为业界称道。60 余年从教经历中，先生先后开设过"建筑设计""建筑历史""建筑绘画""古建筑与清代营造法""徒手画与水彩画""建筑设计与原理""中国建筑史""清式营造法"等课程。20 世纪 80 年代初期，冯先生即成为国内最早招收建筑历史与理论专业研究生的导师之一，为国内古建筑教学和研究领域培养了众多骨干力量，曾荣获天津大学教学最高荣誉奖"金钥匙奖"。

卢绳先生辞世后，他负责主持建筑历史教学研究工作，取得了非凡的成绩：主编及参与编写《承德古建筑》《清代内廷宫苑》《清代御苑撷英》《风水理论研究》《古建筑透视画辑》《中国建筑设计参考资料图说》《冯建逵绘画集》等多部学术专著。其中《承德古建筑》一书曾获得全国优秀科技图书一等奖，引起国内外同行的关注和高度重视。日本朝日新闻出版社将该书译成日文在日本出版发行，受到海外学者和普通读者的欢迎。冯先生率领以王其亨教授为骨干的学术团队，突破禁区，在国内率先对中国传统的风水理论进行了科学的探索和研究，组织编写了一批关于中国传统风水理论研究的论文，汇编为《风水理论研究》一书，填补了国内外"风水"理论研究的空白，在学术界产生了巨大影响。冯先生早年求学期间曾受教于中国营造学社的重要成员赵正之先生，打下了扎实的中国建筑史功底，晚年他又奋秉烛之明总结"清式营造法"课程讲义及多年以来从事中国古建筑研究之心得，写成《中国建筑设计参考资料图说》一书。该书插图精美，言简意赅，实用性强，是一部具有代表性的中国古建筑研究力作，出版 10 余年来，得到了业界的广泛赞誉。

冯先生虽出身于建筑学，但他的绘画艺术境界和技巧超越了传统的建筑表现图，融合西洋水彩和中国传统水墨画的技巧和意蕴，形成了独特的艺术风格。彭一刚先生称赞他的作品为超脱功利之上的陶情怡性之作，"作品中所透出的那种与他个性不谋而合的淡泊明志，确是画如其人"。值此纪念冯先生百年诞辰座谈会举行之际，我们也专门挑选并按原尺寸制作了 20 余幅冯先生的画作在建筑馆展出，以便广大师生观摩学习。

冯先生辞世已经 7 年了，但睹物思人，在每一位同事、学生、朋友和亲人的心中，他的音容笑貌仍会浮现，如在目前、如在耳畔。今天，我们缅怀、纪念冯建逵先生，重温他的论著，观摩他的画作，领略他才华横溢、功力深厚的专业造诣，勤奋耕耘、严谨细致的治学精神，循循善诱、诲人不倦的名师风范，淡泊宁静、胸襟豁达的人生情怀，低调处世、宽厚待人的生活态度，不仅寄托着我们每一个人对他的仰慕与思念，更是为更多的后来者能借此因缘，濡染于前辈的风范，继承他们宝贵的精神遗产，戒浮戒躁、潜心磨炼、苦心钻研、锐意进取、精益求精、永不停歇，为前辈们亲手缔造和珍视的天津大学建筑学院的发展作出自己的贡献。

故宫本《营造法式》跋 [1]

故宫本《营造法式》抄手为五人。序始至卷廿八，主要为一人所抄，字体近苏，婉丽不足，且前后风格稍异，未臻一气呵成，缘于抄手笔力所限，或底本面貌不一，尚难遽下结论。其间第五卷为另一抄手所录，笔力坚淳，有子昂之风，非前者所能比。又第七卷第六页，"自桯长至二分五氂"，则为颜体字，或卷五与卷七第六页出于一人之手。其他图样及其上标注之文字，应是另外一人所为，即画师亦是抄手也，字亦极熟练，但有江湖之气。其中卷卅二第四页标注之文字，极潦草且幼稚，或为书抄成之后补写。

二〇一〇年四月廿日阅一遍。

又：全本"花"字凡两见：一在卷廿三第八页"花瓣"，一在卷卅三第一页目录之"碾玉杂花"。

又：卷卅四图样标注文字"解"均写作"觧"。

---

1 本文是著者 2010 年 4 月写在新购故宫本《营造法式》的工作用本上的阅读札记。

附录　图片来源

用语索引

后　记

在本书近些年来的编辑和出版过程中，得到了徐凤安、杨帆、李桃和责编郭颖老师大力支持和帮助，在此谨表谢忱。

收入本书的各篇文章，在历年的写作过程中也都离不开合撰者协力襄助和各位老师、同学们的指导、支持，当然观点和事实的错误一定还有，责任都在我本人，也希望接下来能改正、完善。

二十多年来，我在建筑史学习过程中获得了母校天津大学和其他学校的师友们，以及海内外诸前辈、学友的无私帮助，希望能用这本小书表达出一些我的感激。

座师朱光亚教授是1962级天津大学建筑系校友，也是业师王其亨教授多年的同道好友。朱老师虽然身在南京，但一直关心母校的学术建设，这次又在百忙之中拨冗赐序，让我很受鼓舞。唯有继续努力学习、认真教学，不负老师们的期望。

丁　垚

图书在版编目（CIP）数据

发现独乐寺 / 丁垚著. -- 天津：天津大学出版社，2023.1
（建筑史读书札记丛编）
ISBN 978-7-5618-7389-2

I. ①发... II. ①丁... III. ①建筑史—中国—文集 IV. ①TU-092

Faxian Dulesi

中国国家版本馆CIP数据核字(2023)第003686号

策划编辑	郭　颖
责任编辑	郭　颖

出版发行	天津大学出版社
地　　址	天津市卫津路 92 号天津大学内（邮编：300072）
电　　话	发行部：022-27403647
网　　址	www.tjupress.com.cn
印　　刷	北京华联印刷有限公司
经　　销	全国各地新华书店
开　　本	787mm×1092mm　1/32
印　　张	10.25
字　　数	192 千
版　　次	2023 年 1 月第 1 版
印　　次	2023 年 1 月第 1 次
定　　价	58.00 元

审 图 号	GS（2023）812 号